航空局安全部運航安全課　監修

操縦士実地試験実施基準

操縦士実地試験実施細則

飛　行　機

鳳文書林出版販売㈱

－目　次－

操縦士実地試験実施基準 ・・・・・・・・・・・・・・・・・・・・・・・・・・・・・・・・・・・・ 1

操縦士実地試験実施細則

定期運送用操縦士技能証明（飛行機）・・・・・・・・・・・・・・・・・・・・・・・・・・ 9

型式限定変更（飛行機）・・・・・・・・・・・・・・・・・・・・・・・・・・・・・・・・・ 47

准定期運送用操縦士・・・・・・・・・・・・・・・・・・・・・・・・・・・・・・・・・・・・・ 83

事業用操縦士（１人で操縦できる飛行機）・・・・・・・・・・・・・・・・ 119

自家用操縦士（１人で操縦できる飛行機）・・・・・・・・・・・・・・・・ 163

計器飛行証明・・・ 203

操縦教育証明・・・ 229

空乗第２０３８号
平成 10 年 3 月 20 日
一部改正国空乗第１号
平成 16 年 4 月 19 日
一部改正国空乗第１１７号
平成 17 年 6 月 20 日
一部改正国空乗第５９号
平成 20 年 5 月 16 日
一部改正国空乗第２７２号
平成 22 年 8 月 31 日
一部改正国空航第１２４号
平成 24 年 5 月 14 日
一部改正国空航第 2826 号
平成 28 年 3 月 18 日
一部改正国空航第 3417 号
平成 28 年 4 月 8 日

操縦士実地試験実施基準

国土交通省航空局安全部運航安全課

実施基準

第1章　総則

1－1　航空従事者試験官（以下「試験官」という。）が、航空法第29条第1項（航空法第29条の2又は航空法第34条第3項において準用する場合を含む。）の規定に基づき実地試験を行う場合は、この基準によるものとする。

　　　ただし、この基準により難い止むを得ない事由のため、航空局安全部運航安全課長の承認を受けた場合は、この限りではない。

　　　また、操縦特性が極めて類似する型式（製造国政府が決定した型式間の差異訓練レベルがA、B、C又はDの型式）への限定変更を行う場合にあっては、別途定める基準によるものとする。

1－2　実地試験は、技能証明、技能証明の限定の変更（以下「限定変更」という。）、計器飛行証明又は操縦教育証明ごとに行う。

1－3　実地試験に先立ち、受験者に次の各号の提示を求めそれぞれについて有効性等を確認するものとする。

　　1－3－1　操縦練習生にあっては航空機操縦練習許可書、航空従事者にあっては技能証明及び航空身体検査証明書（航空身体検査証明書にあっては、実技試験を模擬飛行装置又は飛行訓練装置（以下「模擬飛行装置等」という。）を使用して行う場合を除く。）

　　1－3－2　航空機乗組員飛行日誌

　　1－3－3　無線従事者免許証（実技試験を模擬飛行装置等を使用して行う場合を除く。）

1－4　実地試験は口述試験及び実技試験とし、原則として口述試験を先に行うものとする。ただし、気象予報、飛行場の運用時間等を勘案し、試験官が必要と認めた場合又は実技試験の後に追加して行う必要がある場合はこの限りではない。

1－5　実地試験の実施にあたっては、当該受験資格以上の資格を保有する者（ただし、初めて技能証明を取得しようとするときは操縦教員）が、あらかじめ受験者に教育訓練を行い、受験者の技能が所定の水準に達していると証明していることを確認するものとする。

　　1－5－1　実地試験には、受験者の技能の証明を行った者を立ち会わせるものとする。

　　1－5－2　受験者の所属する会社等が技量管理のために実地試験に立ち会うことを希望する場合には、当該会社等の技量管理にかかわる職務にある者で試験官の了承を得た者を立ち会わせることができる。

1－6　実地試験に必要のないビデオレコーダー等の機器の試験会場への持ち込みは禁止する。

1－7　実地試験を実施するために必要な会場、機材、資料については、受験者が準備し、これを確認するものとする。また関連機関との調整等についても受験者が行う。

1－8　「1－3」、「1－5」又は「1－7」について確認できるまで実地試験を開始しないものとする。

1－9　受験者が次の各号の一に該当するときは実地試験を中止するものとする。

　1－9－1　受験者又はそれに関連する者が試験官の指示に従わないとき

　1－9－2　「1－6」に違反した場合

1－10　実地試験は、開始した日から90日以内に全ての科目を終了するものとする。

第2章　口述試験

2－1　口述試験において行うべき科目の実施要領及び判定基準は、操縦士実地試験実施細則（以下「細則」という。）に定めるところによる。

2－2　口述試験において受験者が次の各号の一に該当するときは、実地試験を中止するものとする。

　2－2－1　知識が判定基準に満たないことが明らかになったとき

　2－2－2　他の者から助言を受けたとき

　2－2－3　その他、不正な行為を行ったとき

第3章　実技試験

3－1　実技試験において行うべき科目の実施（判定）要領及び判定基準は、細則に定めるところによる。ただし、技能証明に係る試験であって、下級の技能証明を有しない者に対する試験は、受験しようとする資格に係る技能証明の試験において行うべき実技試験の科目に加えて、当該資格より下級の資格に係る科目についても行うものとする。

3－2　実技試験に使用する航空機の要件は、次のとおりとする。

　3－2－1　現に有効な耐空証明を有すること。

　3－2－2　試験官が同乗して試験を行うことができるものであること。ただし、単座機を使用する必要があると認められる場合は、この限りでない。

　3－2－3　試験科目に対応できる装置等を有すること。

　3－2－4　航空交通管制機関と連絡できる無線電話機を有すること。ただし、上級滑空機の場合を除く。

　3－2－5　動力及び操縦装置は、受験者及び試験官が容易に操作できるものであること。

　3－2－6　模擬計器飛行を行う場合は、完全な複式操縦装置を有すること。

3－3　単座機による実技試験は、他の航空機による随伴又は地上からの観察により行うものとする。

3－4　実技試験科目のうち、可能なものについては、他の科目と組み合わせて行うことができる。

3－5　実技試験の全部又は一部を模擬飛行装置等を使用して行うことができる。模擬飛行装置等を使用する場合の実施要領は細則に定めるところによる。

実施基準

3－6　実機による実技試験において計器飛行で行う科目を実施する場合は、フードを使用する。フードの要件は次のとおりとする。

　3－6－1　着脱が容易であること。

　3－6－2　試験実施中、装着状態が不安定とならないこと。

　3－6－3　前方の地平線及び進入目標が完全に遮蔽された状態となること。

　3－6－4　教官席からの視界を妨げないものであること。

3－7　再操作は原則として認めない。ただし、気流のじょう乱等の気象状態又は航空管制の事由に起因するもののため、合否の判定が不明確な場合はこの限りではない。

3－8　実技試験において、受験者が次の各号の一に該当する場合は実地試験を中止するものとする。

　3－8－1　技能が判定基準に満たないことが明らかになったとき

　3－8－2　航空法等に違反する行為があったとき

　3－8－3　危険な操作を行ったとき

　3－8－4　他の者から助言又は補助を受けたとき。ただし、操縦に2人を要する航空機で運航方針に基づいた助言又は補助を受けたときを除く。

　3－8－5　その他、不正な行為を行ったとき

第4章　成績の判定

4－1　実地試験において、受験者が次の各号の一に該当する場合は不合格と判定する。

　4－1－1　受験者が実地試験を辞退した場合

　4－1－2　「1－9」に該当する場合

　4－1－3　「2－2」に該当する場合

　4－1－4　「3－8」に該当する場合

　4－1－5　「1－10」に違反した場合

4－2　実技試験において、受験者が所定の科目を終了し、総合能力を含む全ての科目が判定基準に達しているときは合格と判定する。ただし、「3－8－4」にいう「運航方針に基づいた助言又は補助」であっても、受験者の操作又は判断が他の者の助言又は補助に負うところが大きい場合には不合格と判定する。

4－3　前項の判定の外、科目が判定基準に達しない場合であっても、そのときの状況を考慮しその後の修正又は対応が適切であり、総合的に操縦士としての技能に信頼性があると認められるときは合格と判定することができる。

　（注）　「操縦士としての技能に信頼性がある」とは、科目の判定基準からの逸脱が、連鎖又は頻発することがなく、かつ、総合能力の判定基準を満足している場合をいう。

第5章　実技試験における安全の確保
　5－1　安全確保上の責務
　　5－1－1　受験者
　　　　1人で操縦できる航空機にあっては、受験者が機長として試験中の安全確保についての第一義的な責任を有する。
　　　　操縦に2人を要する航空機にあっては、受験者は安全の確保を最優先とした操縦を実施する。
　　5－1－2　教官
　　　　1人で操縦できる航空機にあっては、教官は受験者の操縦を常に監視し、安全上必要な場合には、試験中であっても適切な指導・監督を適宜実施する。ただし、搭乗できる人員が2名以下の航空機にあっては、地上において可能な範囲で監視を行い、安全上必要な場合には、試験中であっても適切な指導・監督を適宜実施する。
　　　　操縦に2人を要する航空機にあっては、教官は機長として受験者の使用しない側の操縦席に着座し、試験中の安全確保についての第一義的な責任を有する。
　　5－1－3　試験官
　　　　1人で操縦できる航空機にあっては、試験官は受験者の操縦技量を適切に確認できる位置に着座し、試験を実施する。その際安全確保に必要と思われる場合は、試験中であっても助言・補助を行う。
　　　　操縦に2人を要する航空機にあっては、操縦席以外で受験者の技量を適切に確認できる位置に着座し、試験を実施する。その際安全確保に必要と思われる場合は、試験中であっても必要な助言を行う。
　5－2　実機を使用した試験における安全確保のための方策
　　5－2－1　試験中の安全を確保するために、試験官は飛行前に受験者及び同乗教官に試験中の安全確保についての責務を明示するためにブリーフィングを実施すること。
　　5－2－2　1人で操縦できる航空機で試験を実施するにあたり、試験官が操縦席に着座する場合は、試験官が当該試験前1年以内に当該型式機について7時間以上の学科研修を実施していることに加えて次のいずれかの要件を満足していること。
　　　5－2－2－1　試験官は当該試験前1年以内に2回以上の当該型式機の搭乗経験を有すること（操縦席または操縦席の状況が観察できる位置に着座した経験に限る。）。
　　　　　　　　　また、受験者が当該型式機を操縦する資格を有しない場合で、かつ、座席数2席の機体で試験を実施する場合は、試験官は当該型式機で2回以上の離着陸の実施経験を有すること。
　　　5－2－2－2　当該試験前1年以内に当該型式機における2回以上の離着陸の実施経験を有すること。

実施基準

第6章　その他

実地試験の実施に関する事務処理は「航空従事者技能証明等に関する事務処理要領」に定めるところによる。

附　則（平成24年5月14日付け国空航第124号）
（施行期日）

本通達は、平成24年5月14日から施行する。

附　則（平成28年3月18日付け国空航第2826号）

本通達は、平成28年4月1日から施行する。

附　則（平成28年4月8日付け国空航第3417号）

1．本通達は、平成28年8月1日から施行する。
2．「模擬飛行装置及び実機による実地試験の取扱いについて」（平成3年9月27日付け空乗2086号）は廃止する。
3．本通達の施行の日から平成29年3月31日までは、従前どおりとすることができる。

- 7 -

空乗第２０３９号
平成 10 年 3 月 20 日
一部改正国空乗第２２２７号
平成 13 年 2 月 28 日
一部改正国空乗第２号
平成 16 年 4 月 19 日
一部改正国空乗第４６５号
平成 17 年 3 月 24 日
一部改正国空乗第６０号
平成 20 年 5 月 16 日
一部改正国空航第８２５号
平成 24 年 3 月 28 日
一部改正国空航第４３１号
平成 24 年 9 月 3 日
一部改正国空航第３４１７号
平成 28 年 4 月 8 日

操縦士実地試験実施細則

定期運送用操縦士

（飛行機）

国土交通省航空局安全部運航安全課

定期運送用

I．一般

1．飛行機に係る定期運送用操縦士の技能証明実地試験を行う場合は、操縦士実地試験実施基準及びこの細則によるものとする。

2．実地試験は、多発の等級限定の付された技能証明又は准定期運送用操縦士の技能証明を有する者について行う。

3．受験する飛行機の型式について限定を有しない者は、原則として、受験する飛行機に係る操作技術の定着度の判定を定期運送用操縦士に係る型式限定変更実地試験に準じて行った後に、この細則に定める技能証明実地試験を行うものとする。

4．定期運送用操縦士に係る等級限定変更を行う場合は、事業用操縦士実地試験実施細則（1人で操縦できる飛行機）Ⅲ．限定変更実地試験の規定により実地試験を行うものとする。

5．実技試験に使用する航空機は、操縦に2人を要する飛行機であって、耐空類別飛行機輸送T又は輸送Cの飛行機とする。

6．実技試験における横風離着陸、後方乱気流の回避等の科目であって、気象状態、飛行状態等によりその環境を設定できない場合は、当該科目を実施する場合の操作要領、留意事項等について口述による試験を行うことにより実技試験に代えることができる。なお、実地試験の実施要領に「口述」とあるのは、運航中、状況を模擬に設定し、その措置を口頭により説明させ、又は模擬操作を行わせることを意味する。

7．実技試験において発動機を不作動として行うべき科目は、次の区分により実施する。

 7－1 模擬飛行装置等による実技試験では完全な不作動状態で実施する。

 7－2 実機による実技試験では模擬不作動状態で実施する。模擬不作動状態の出力設定は次のとおりとする。

  7－2－1 フェザリング・プロペラを装備した航空機にあっては、プロペラがフェザーとなった場合と同等の抵抗となる出力とする。

  7－2－2 その他の航空機にあっては、緩速とする。

8．ILS進入における決心高度の適用値は、原則として接地帯標高に200 ftを加えた高度とする。

9．非精密進入における最低降下高度の適用値は、試験に使用する航空機に適用可能な高度として公示された最低の高度とする。

10．試験官が必要と認めた場合であって、管制機関の承認を受けた場合は、公示された待機方式、進入方式及び進入復行方式以外の方式により飛行することができる。

11．フードの使用は、次のとおりとする。

 11－1 フードの使用開始は試験官の指示によるものとする。

 11－2 フードの使用終了は次のとおりとする。

11－2－1　ＩＬＳ進入に続いて着陸する場合は、決心高度に達する直前

11－2－2　進入復行を行う場合は、原則として対地高度1,500 ft以上に上昇し、かつ、姿勢が安定したとき

11－2－3　非精密進入による直線進入に続いて着陸する場合は、試験に使用する航空機に適用可能な高度として公示された最低降下高度に100 ftを加えた高度以下に降下し、目視降下点（目視降下点が設定されていないときはこれに相当する地点）から概ね900 mの距離に達したとき

11－2－4　非精密進入による周回進入に続いて着陸する場合は、試験に使用する航空機に適用可能な高度として公示された最低降下高度に100 ftを加えた高度以下に降下し、滑走路末端（進入灯又は進入灯台が設置されているときは当該灯火）から、概ね次表に掲げる距離に達したとき

アプローチカテゴリー	距離（m）
A	1,600
B	1,600
C	2,400
D	3,200

12. 試験官が必要と認めた場合は、自動操縦装置及び自動出力制御装置を使用させないことができる。

13. 模擬飛行装置等を使用して実技試験を行う場合の実施要領は次のとおりとする。

13－1　模擬飛行装置のみにより実技試験を行える条件は、別に示すとおりとする。

13－2　使用する模擬飛行装置等は、国土交通大臣の認定を受けたものであること。ただし、航空局安全部運航安全課長の承認を受けた場合は、この限りでない。

13－3　模擬飛行装置等の気象状態の設定は次のとおりとする。

13－3－1　計器飛行方式により離陸する場合は、実地試験に使用する空港施設の実際の設置状況にかかわらず、ＲＶＲは試験に使用する航空機に適用可能な最低値とする。

13－3－2　計器飛行方式により着陸する場合は、その進入方式の最低気象条件又は進入を継続することができる最低の気象条件のいずれかとする。ただしＩＬＳ進入においてはカテゴリーⅠの最低気象条件とする。

13－3－3　計器飛行で行う科目を実施する場合は、飛行視程を０ mとする。

定期運送用

13－4 実技試験の実施要領に「状況を与え」とある場合は、その状況を設定し、処置をさせるものとする。

13－5 模擬飛行装置等による実技試験において次の各号の一に該当する場合は試験を停止し始めからやり直すものとする。

13－5－1 模擬飛行装置等の不具合により模擬飛行が中断し試験の判定が困難なとき。

13－5－2 教官席を操作する者が模擬飛行装置等の環境設定を行う能力を有しないとき。

14. 実技試験の組み合わせ及び順序並びに模擬飛行装置等の環境設定の細部は、首席試験官の定める「定期運送用操縦士技能証明実技試験プロファイル」により飛行機の型式ごとに示すものとする。

Ⅱ．技能証明実地試験
　1．口述試験
　　　口述試験において行うべき科目の実施要領及び判定基準は、次表のとおりとする。

1．運航に必要な知識				
（目　的） 　　　運航に必要な一般知識及び試験に使用する型式に関する航空機事項について知識を確認し判定する。				
番　号	科　目	実　施　要　領	判　定　基　準	
1－1	一般知識	次の事項について質問する。 1．計器飛行方式 2．航空交通管制方式 3．航空保安無線施設の特性と利用法 4．捜索救難 5．人間の能力及び限界 6．その他運航に必要な事項	質問事項について正確に回答できること。	
1－2	一般的な航空機事項	次の事項について質問する。 1．耐空類別飛行機輸送T又は飛行機輸送Cに関する基準 2．ジェット機又はプロペラ機の飛行特性 3．その他必要な事項	質問事項について正確に回答できること。	

定期運送用

番　号	科　目	実　施　要　領	判　定　基　準
1－3	当該型式に関する航空機事項	試験に使用する航空機に関する次の事項について質問する。 1．性能、諸元、運用限界等 2．諸系統及び諸装置（故障した場合の処置を含む。） 　（1）発動機、プロペラ 　（2）燃料系統 　（3）電気系統 　（4）油圧系統 　（5）与圧系統 　（6）防火設備 　（7）通信・航法装置 　（8）自動操縦系統 　（9）計器系統 　（10）操縦系統 　（11）防除氷装置 　（12）非常装置、装備品 　（13）その他 3．燃料及び滑油 4．通常操作及び緊急操作 5．その他必要な事項	質問事項について正確に回答できること。

２．実技試験

実技試験において行うべき科目の実施要領及び判定基準は、次表のとおりとする。

２．飛行前作業

（目　的）
　　飛行前に機長が行うべき確認事項の実施について判定する。

番　号	科　目	実　施　要　領	判　定　基　準
２－１	証明書・書類	１．航空機登録証明書、耐空証明書、運用限界等指定書等必要な書類の有効性を確認させる。 ２．航空日誌等により航空機の整備状況及び積載物の安全性について確認させる。 ３．所要の事項について質問する。	１．必要な証明書、書類等の有効性を確認できること。 ２．記載事項を解読し、確認できること。 ３．質問事項について、正しく回答できること。
２－２	重量・重心位置等	１．試験に使用する航空機の重量、重心位置を計算させる。 （注）計算には、搭載用グラフ又は計算器を使用させてもよい。 ２．燃料及び滑油の搭載量及びその品質について確認させる。 ３．所要の事項について質問する。	１．空虚重量、全備重量、搭載重量等の区分を正しく理解し、重量及び重心位置が許容範囲内にあることを確認できること。 ２．燃料及び滑油の搭載量及びその品質について確認できること。 ３．質問事項について、正しく回答できること。
２－３	航空情報・気象情報	１．所要の航空情報を入手させ、飛行に関連のある事項について説明させる。 ２．所要の気象情報を入手させ、天気概況、飛行場及び使用空域の実況及び予報について説明させる。 ３．所要の事項について質問する。	１．航空情報を正しく理解できること。 ２．天気図等を使用し、天気概況の説明が正しくできること。 ３．各種の気象通報式の解読が正しくできること。 ４．じょう乱及び凍結等飛行障害現象の存在を予測できること。 ５．気象情報、航空情報を検討し、飛行の可否が判断できること。 ６．質問事項について、正しく回答できること。

定期運送用

番　号	科　目	実　施　要　領	判　定　基　準
2－4	飛行前点検	1．外部点検及び内部点検を行わせる。 2．点検実施中、諸系統及び諸装置について質問する。 （注）　模擬飛行装置のみにより実技試験を行う場合は、実際に行うことができない作業については、口述で実施する。	1．点検個所及び操作の意味を正しく理解していること。 2．運航者が設定した方式及び手順に従って、各種の機器類を正しく、かつ、円滑に点検、設定できること。 3．質問事項について、正しく回答できること。

3．空港等及び場周経路における運航

（目　的）
　　空港等及び場周経路における運航について判定する。

番　号	科　目	実　施　要　領	判　定　基　準
3－1	始動・試運転	発動機の始動及び試運転を行わせる。	（知識） 　運用限界、制限事項等に関する知識を有し、その知識が運航に生かされていること。 （手順） 　運航者が設定した方式及び手順に従って正しく実施できること。 （操作） 　円滑、かつ、確実に実施できること。
3－2	地上滑走	地上滑走を行わせる。	（知識） 　関連する運用限界、システム及び飛行場施設の知識を有し、その知識が運航に生かされていること。 （手順） 　運航者が設定した方式及び手順に従って正しく実施できること。 （操作） 　円滑な操作により、他機や障害物など周辺の状況を考慮した適切な速度で滑走できること。

定期運送用

番　号	科　目	実　施　要　領	判　定　基　準
3－3	場周飛行と後方乱気流の回避	所定の方式に従って場周経路を飛行させる。	（知識） 　後方乱気流の成因とその影響その他の場周飛行に関する知識を有し、その知識が運航に生かされていること。 （手順） 　運航者が設定した方式及び手順に従って正しく実施できること。 （操作） 　1．円滑で安定した操作により場周経路を正しく飛行できること。 　2．場周飛行における諸元は以下の範囲内であること。 　　高度　：　±100 ft 　　速度　：　±10 kt 　　　　　　（Minimum maneuvering 　　　　　　speedが設定されている 　　　　　　場合は当該速度を下回ら 　　　　　　ないこと。） 　3．先行機との間隔を適切に設定できること。

- 19 -

4．各種離陸及び着陸並びに着陸復行及び離陸中止

（目　的）
　　各種離陸及び着陸並びに着陸復行及び離陸中止について判定する。

　　（注）（4－3）については、実施した場合のみ判定する。

番　号	科　目	実　施　要　領	判　定　基　準
4－1	通常離陸及び横風離陸	通常の離陸及び横風での離陸を行わせる。	（知識） 　離陸性能及び関連する運用限界等の知識を有し、その知識が運航に生かされていること。 （手順） 　運航者が設定した方式及び手順に従って正しく実施できること。 （操作） 　1．速度は±5 kt以内の変化であること。ただし、設定した方式が上昇姿勢で指定される場合には、速度ではなく、その姿勢の維持が安定していること。 　2．V_2を下回らないこと。 　3．適切な横風修正ができること。 　4．円滑な操作であること。

定期運送用

番 号	科 目	実 施 要 領	判 定 基 準
4－2	通常着陸及び横風着陸	通常の着陸及び横風での着陸を行わせる。	（知識） 　着陸性能及び関連する運用限界等の知識を有し、その知識が運航に生かされていること。 （手順） 　運航者が設定した方式及び手順に従って正しく実施できること。 （操作） 　1．　所定の経路を正しく飛行できること。 　2．　進入速度は＋5/－0 kt以内の変化であること。 　3．円滑で安定した操作であること。 　4．　接地点は、目標点標識進入末端（目標点標識がない場合はこれに相当する地点）又は運航者が定めた地点から進入方向に＋225/－75 mの範囲内であること。 　5．横滑り状態で接地しないこと。 　6．接地方向が偏位しないこと。 　7．　接地後は正確に直線滑走できること。 （注）　実機と模擬飛行装置等を併用する場合は、返し操作以降については実機により判定する。

番　号	科　目	実　施　要　領	判　定　基　準
4－3	着陸復行	着陸進入時に、滑走路末端標高から50 ft以下で着陸復行を決意すべき状況又は試験官の指示を与え、着陸復行を行わせる。	（知識） 　着陸復行及びシステムに関する知識を有し、その知識が運航に生かされていること。 （手順） 　運航者が設定した方式及び手順に従って正しく実施できること。 （操作） 　1．機を失せず着陸復行の操作が円滑に実施できること。 　2．速度は±5 kt以内の変化であること。ただし、設定した方式が上昇姿勢で指定される場合には、速度ではなく、その姿勢の維持が安定していること。 　3．適切な横風修正ができること。
4－4	離陸中止	離陸滑走時に、速度がV_1に達する前に1発動機を異常状態とすることにより、離陸中止を行わせる。	（知識） 　離陸性能、運用限界及びシステムその他の関連する知識を有し、その知識が運航に生かされていること。 （手順） 　運航者が設定した方式及び手順に従って正しく実施できること。 （操作） 　1．機を失せず離陸中止の操作が円滑にできること。 　2．停止までの間は、概ね滑走路の中心線上を保持できること。 　3．滑走路内で安全に停止できること。

定期運送用

5．基本的な計器による飛行

（目　的）
　　計器飛行の基本的な科目全般について判定する。

（注）　1．計器飛行により行う。
　　　　2．計器飛行証明又は准定期運送用操縦士の技能証明を有する者は行わない。

番　号	科　目	実　施　要　領	判　定　基　準
5－1	基本操作	次の順序で一連の科目を行わせる。 1．巡航形態で左又は右の360度タイムド・ターン（水平旋回） 2．巡航形態から進入形態への移行 3．右又は左の標準180度水平旋回 4．昇降率500 ft/minで、左又は右の標準180度上昇旋回に引き続き右又は左の標準180度降下旋回 （注）1．気象状態等により必要と認められる場合は、科目の順序を変更して行わせる。 　　2．タイムド・ターン以外は標準旋回を行わせる。	（知識） 　計器飛行に関する知識を有し、その知識が運航に生かされていること。 （手順） 　運航者が設定した方式及び手順に従って正しく実施できること。 （操作） 　諸元等は以下の範囲内であること。 　高度　：　±100 ft 　速度　：　±10 kt 　針路　：　±10度 　　　　　　（水平直線、旋回停止時） 　昇降率：　±200 ft/min以内
5－2	異常な姿勢からの回復	異常な飛行姿勢としたのち、水平直線飛行状態に回復させる。 （注）1．異常な飛行姿勢は、計器に対する注意の欠如、じょう乱又は不適切なトリムにより生ずるものを模して行う。 　　2．機首上げ姿勢及び機首下げ姿勢について実施する。	（知識） 　飛行中の錯覚に関する知識を有し、その知識が運航に生かされていること。 （手順） 　適正な手順により、円滑に回復操作ができること。 （操作） 　1．運用限界速度を超過しないこと。 　2．制限荷重倍数を超過しないこと。 　3．失速させないこと。

6. 空中操作及び型式の特性に応じた飛行

（目　的）
　　型式特性に対する操作について判定する。

番　号	科　目	実　施　要　領	判　定　基　準
6−1	型式特性に対する操作	型式ごとに別途設定する。	型式ごとに別途設定する。

定期運送用

7．計器飛行方式による飛行

（目　的）
　　計器飛行方式による飛行方法及び計器飛行による各種操作について判定する。

　　（注）　（7－3）及び（7－5）については、実施した場合のみ判定する。

番　号	科　目	実　施　要　領	判　定　基　準
7－1	離陸時の計器飛行への移行	所定の方式に従って飛行させる。 （注）　離陸は雲高100 ftの想定で行う。	（知識） 　離陸性能及び関連する運用限界等の知識を有し、その知識が運航に生かされていること。 （手順） 　運航者が設定した方式及び手順に従って正しく実施できること。 （操作） 　1．計器飛行へ円滑に移行し安定した離陸を継続できること。 　2．速度は±5 kt以内の変化であること。ただし、設定した方式が上昇姿勢で指定される場合には、速度ではなく、その姿勢の維持が安定していること。 　3．V_2を下回らないこと。
7－2	標準的な計器出発方式及び計器到着方式	所定の方式に従って飛行させる。	（知識） 　出発方式、到着方式及びシステムに関する知識を有し、その知識が運航に生かされていること。 （手順） 　管制承認された方式、運航者の設定した方式及び手順に従って正しく実施できること。 （操作） 　1．航法装置等を適切に使用し、所定の方式に従って円滑に飛行できること。 　2．トラッキングを行う場合は、CDIフルスケールの左右1／2又はRMIの±5度以内の変化であること。 　3．特定の針路で飛行する場合は、針路は±10度以内の変化であること。

- 25 -

番　号	科　目	実　施　要　領	判　定　基　準
7－3	待機方式	所定の方式に従って、待機経路を飛行させる。	（知識） 　待機方式及びシステム等に関する知識を有し、その知識が運航に生かされていること。 （手順） 　管制承認された方式、運航者の設定した方式及び手順に従って正しく実施できること。 （操作） 　1．航法装置等を適切に使用できること。 　2．所定の方式に従って円滑に飛行できること。 　3．諸元は以下の範囲内であること。 　　　高度　：　±100 ft 　　　速度　：　±10 kt

- 26 -

定期運送用

番 号	科 目	実 施 要 領	判 定 基 準
7−4	計器進入方式	（精密進入） 　所定の方式により、ＩＬＳ進入を行わせる。	（知識） 　精密進入方式、システム及び運航方式等に関する知識を有し、その知識が運航に生かされていること。 （手順） 　管制承認された方式、運航者の設定した方式及び手順に従って正しく実施できること。 （操作） 　1．所定の方式に従って円滑に飛行できること。 　2．最終進入以前の諸元は以下の範囲内であること。 　　高度　：±100 ft 　　速度　：±10 kt 　3．最終進入以降の諸元は以下の範囲内であること。 　　速度　：±5 kt 　　ローカライザー　　　：フルスケールの 　　　　　　　　　　　　　左右1/2 　　グライドスロープ　：フルスケールの 　　　　　　　　　　　　　上下1/2 　　　ただし、滑走路末端標高500 ftから決心高までの間は、 　　速度　：＋5/−0 kt 　　ローカライザー　：フルスケールの左 　　　　　　　　　　　　右1/6 　　グライドスロープ：フルスケールの 　　　　　　　　　　　　上下1/2 　4．その他は（4−2）に同じ。ただし、1発動機不作動の場合は（10−2）に同じ。

- 27 -

番　号	科　目	実　施　要　領	判　定　基　準
7－4 (続き)	計器進入方式	（非精密進入） 　運航者の申請に基づき首席試験官が指定する非精密進入を所定の方式により行わせる。	（知識） 　非精密進入方式、システム及び運航方式等に関する知識を有し、その知識が運航に生かされていること。 （手順） 　管制承認された方式、運航者の設定した方式及び手順に従って正しく実施できること。 （操作） 　1．所定の方式に従って円滑に飛行できること。 　2．最終進入以前の諸元は以下の範囲内であること。 　　　高度　：±100 ft 　　　速度　：±10 kt 　3．最終進入以降の諸元は以下の範囲内であること。 　　　速度　：±5 kt 　　　　　　（Minimum maneuvering 　　　　　　　speedが設定されている 　　　　　　　場合は当該速度を下回ら 　　　　　　　ないこと。） 　　　トラッキング　：CDIフルスケ 　　　　　　　　　ールの左右1/2又 　　　　　　　　　はRMIの±5度 　4．(1) 直線進入を行う場合 　　　　　目視降下点又はこれに相当する地点までに適切な降下パスに会合できること。 　　　(2) 周回進入を行う場合 　　　　　進入復行点までに最低降下高度に降下できること。 　5．最低降下高度に到達後、水平飛行を行う場合の高度は、+50 /−20 ft以内の変化であること。 　6．その他は（4－2）に同じ。ただし、1発動機不作動の場合は（10－2）に同じ。

定期運送用

番　号	科　目	実　施　要　領	判　定　基　準
7－5	進入復行方式	計器飛行状態で所定の方式により進入復行を行わせる。	（知識） 　進入復行方式及びシステム等に関する知識を有し、その知識が運航に生かされていること。 （手順） 　管制承認された方式、運航者の設定した方式及び手順に従って正しく実施できること。 （操作） 　1．機を失せず進入復行の操作が円滑に実施できること。 　2．航法装置等の使用が適切であること。 　3．速度は±5 kt以内の変化であること。ただし、設定した方式が上昇姿勢で指定される場合には、速度ではなく、その姿勢の維持が安定していること。 　4．特定の針路で飛行する場合は、針路は ±10度以内の変化であること。 　5．トラッキングを行う場合は、ＣＤＩフルスケールの左右1/2又はＲＭＩの±5度以内の変化であること。

- 29 -

番　号	科　目	実　施　要　領	判　定　基　準
7－6	計器進入からの着陸	最低気象状件に概ね対応する区域内で計器進入からの着陸を行わせる。	（知識） 　着陸性能及び関連する運用限界等の知識を有し、その知識が運航に生かされていること。 （手順） 　運航者が設定した方式及び手順に従って正しく実施できること。 （操作） 　1．計器飛行から目視飛行へ移行したのち安定した進入及び着陸ができること。 　2．周回進入中の諸元等は以下の範囲内であること。 　　　高度　：＋50／－20 ft 　　　　　　　（着陸のための降下開始までの間） 　　　速度　：±10 kt 　　　　　　　（Minimum maneuvering speedが設定されている場合は当該速度を下回らないこと。） 　　　傾斜角：30 度以内 　　　経路　：著しく広い経路とならないこと。 　3．最低降下高度未満での速度は、＋5/－0 kt以内の変化であること。 　4．その他は（4－2）に同じ。ただし、1発動機不作動の場合は（10－2）に同じ。

定期運送用

| 8．計器飛行方式による野外飛行 |

（目　的）

　　計器飛行方式による飛行計画の作成及び野外飛行について判定する。

　　（注）　准定期運送用操縦士の技能証明又は計器飛行証明（異なる種類の航空機に係るものも含む。）を有する者は実施しない。

番　号	科　目	実　施　要　領	判　定　基　準
8－1	野外飛行計画	1．受験者に出発空港等と異なる目的空港等を指定して、計器飛行方式による野外飛行計画を作成させる。この飛行計画は巡航速度で1時間以上の航程とする。 2．受験者は、気象情報、航空情報を入手し、野外飛行計画を作成する。 3．受験者が作成した飛行計画を点検し、必要な事項について質問する。	1．正確な野外飛行計画を30分以内に作成できること。 2．適切な高度、経路及び代替空港等を選定できること。 3．必要な航法諸元を迅速、かつ、正確に算出できること。 4．じょう乱・凍結等飛行障害現象の存在を予測できること。 5．無線航法図、計器進入図を正しく利用できること。 6．離陸、着陸及び代替空港等における最低気象条件等の適用について正しく理解していること。 7．質問事項に正しく答えられること。

番 号	科 目	実 施 要 領	判 定 基 準
8－2	計器飛行方式による野外飛行	1．管制承認に従って飛行させる。 2．飛行中、受験者に対地速度、予定到着時刻等航法諸元の算出を行わせる。 3．飛行中、受験者に無線機故障等の状況を与え、その処置について説明させる。	（知識） 　運航方式に関する知識を有し、その知識が運航に生かされていること。 （手順） 　所定の方式及び手順に従って正しく実施できること。 （操作） 1．管制承認の受領、位置通報等が円滑、かつ、確実にできること。 2．所定の経路を正しく飛行できること。 3．飛行中、所要の情報を入手し、有効に利用できること。 4．真対気速度、予定到着時間を適宜点検し、必要な場合は速やかに訂正の通報ができること。 5．航空保安施設を有効に利用できること。 6．気象状況等の変化に応じ適宜高度、経路を変更できること。 7．緊急事態に対する的確な処置ができること。 8．巡航中の高度は±200 ft以内の変化であること。
8－3	代替空港等への飛行	目的地に着陸できない状況を設定し、代替空港等へ飛行する場合の手順、経路、高度の選定等、必要な事項について受験者に説明させる。	（知識） 　運航方式に関する知識を有し、その知識が運航に生かされていること。 （手順） 　所定の方式及び手順に従って正しく実施できること。 （操作） 1．適切な経路及び高度を選定できること。 2．目的空港等及び代替空港等の飛行方式・最低気象条件等を説明できること。

- 32 -

定期運送用

9．飛行全般にわたる通常時の操作

（目　的）
　　飛行全般にわたり航空機の通常操作について判定する。

番　号	科　目	実　施　要　領	判　定　基　準
9－1	通常操作	次の系統又は装置について、所定の手順を行わせる。 （1）発動機、プロペラ （2）燃料系統 （3）電気系統 （4）油圧系統 （5）与圧系統 （6）防火設備 （7）通信・航法装置 （8）自動操縦系統 （9）計器系統 （10）操縦系統 （11）防除氷装置 （12）非常装置、装備品 （13）その他	（知識） 　装備されたシステムとその使用方法に関する知識を有し、その知識が運航に生かされていること。 （手順） 　運航方針に従った手順が正しく実施できること。 （操作） 　適切かつ確実な操作が実施でき、必要に応じて代替措置がとれること。

10. 異常時及び緊急時の操作

(目　的)
　　緊急状態となった場合の操作手順及び判断力について判定する。

(注1)　(10-1)については、実施した場合のみ判定する。
(注2)　実機のみにより実技試験を行う場合は、模擬することができない一部の科目に
　　　ついては口述により行うことができる。

番　号	科　　目	実　施　要　領	判　定　基　準
10-1	離陸時の発動機故障及び上昇	V_1からV_2までの間で1発動機を異常状態にして離陸させる。	(知識) 　離陸性能、関連する運用限界及びシステム等の知識を有し、その知識が運航に生かされていること。 (手順) 　運航者が設定した方式及び手順に従って正しく実施できること。 (操作) 　1．速度は±5　kt以内の変化であること。ただし、設定した方式が上昇姿勢で指定される場合には、速度ではなく、その姿勢の維持が安定していること。 　2．V_2を下回らないこと。 　3．　針路は±10度以内の変化であること。 　4．円滑な操作であること。

定期運送用

番　号	科　目	実　施　要　領	判　定　基　準
10－2	1発動機不作動時の着陸	1発動機を不作動にして進入及び着陸を行わせる。	（知識） 　発動機不作動状態での性能、関連する運用限界及びシステム等の知識を有し、その知識が運航に生かされていること。 （手順） 　運航者が設定した方式及び手順に従って正しく実施できること。 （操作） 　1．所定の経路を正しく飛行できること。 　2．進入速度は±5 kt以内の変化であること。 　3．円滑で安定した操作であること。 　4．接地点は、目標点標識進入末端（目標点標識がない場合はこれに相当する地点）又は運航者が定めた地点から進入方向に＋225／－75 mの範囲内であること。 　5．横滑り状態で接地しないこと。 　6．接地方向の偏位がないこと。 　7．接地後は正確に直線滑走できること。
10－3			

番 号	科 目	実 施 要 領	判 定 基 準
10－4	発動機の故障	計器飛行状態で予告なしに1発動機不作動の状況を与える。	（知識） 　関連する運用限界及びシステム等の知識を有し、その知識が運航に生かされていること。 （手順） 　運航者が設定した方式及び手順に従って正しく実施できること。 （操作） 1．発動機の停止操作を完了するまでの間の諸元は以下の範囲内であること。 　　高度　：±100 ft 　　針路　：±20 度 2．停止操作完了後の諸元は以下の範囲内であること。 　　高度　：±100 ft 　　針路　：±10 度 　　速度　：1発動機不作動時の最良上昇率速度以上の安全な速度

- 36 -

定期運送用

番　号	科　目	実　施　要　領	判　定　基　準
10－5	諸系統又は諸装置の故障	次の中から選択した系統又は装置について、故障の状況を与え、所定の操作を行わせる。 （1）発動機、プロペラ （2）燃料系統 （3）電気系統 （4）油圧系統 （5）与圧系統 （6）防火設備 （7）通信・航法装置 （8）自動操縦系統 （9）計器系統 （10）操縦系統 （11）防除氷装置 （12）非常装置、装備品 （13）その他	（知識） 　関連する運用限界及びシステム等の知識を有し、その知識が運航に生かされていること。 （手順） 　運航者が設定した方式及び手順に従って正しく実施できること。 （操作） 　円滑、かつ、適切な処置及び操作が実施できること。
10－6	緊急操作	次の中から選択した状況を与え、所定の操作を行わせる。 　1．飛行中の火災 　2．煙の制御 　3．室内の急減圧及び緊急降下 　4．緊急脱出 　5．その他	（知識） 　関連する運用限界及びシステム等の知識を有し、その知識が運航に生かされていること。 （手順） 　運航者が設定した方式及び手順に従って正しく実施できること。 （操作） 　1．円滑、かつ、適切な処置及び操作が実施できること。 　2．発動機を停止する場合の諸元は（10－4）に同じ。

- 37 -

11. 航空交通管制機関等との連絡

（目　的）
　　飛行全般にわたり航空交通管制機関等との連絡について判定する。

番　号	科　目	実　施　要　領	判　定　基　準
11－1	管制機関等との連絡	所定の方法により管制機関等と無線電話により交信し、必要な情報及び許可を受けさせる。	1．所定の方法により円滑に情報を入手できること。 2．管制機関の指示に違反し又は必要な許可を受けないで運航しないこと。

定期運送用

| 12. 航空機乗組員間の連携 |

（目　的）
　　飛行全般にわたり乗員間の連携等について判定する。

　（注）（12－2）及び（12－3）は、受験する型式について限定を有する者及び操作技
　　　　術の定着度の判定を行った者は行わない。

番　号	科　目	実　施　要　領	判　定　基　準
12－1	乗員間の連携等	ＰＦとして、他の乗組員と連携し必要な飛行作業を行わせる。	乗員間の連携等が適時緊密にできること。
12－2	飛行状況の確認	ＰＮＦとして、規定等に定められた飛行状況の確認及び運航方針に従った手順を行わせる。	1．スタンダード・コールアウトが正しく実施できること。 2．運航方針に従った手順が正しく実施できること。
12－3	通常操作及び異常時・緊急時操作	ＰＮＦとしての所定の操作を行わせる。	運航方針に従って正しく、かつ、円滑に実施できること。

- 39 -

13. 総合能力

（目　的）
　　実地試験の全般にわたり、規定類を遵守し、積極性を持ち、航空機及びその運航の状況を正しく認識するとともに、乗員間等の連携を保って業務を遂行できる定期運送用操縦士としての総合能力について判定する。

番　号	科　目	判　定　要　領	判　定　基　準
13－1	計画・判断力	飛行全般にわたって、先見性をもって飛行を計画する能力及び変化する各種の状況下において適切に判断できる能力について判定する。	事後の操縦操作を予測して適切に飛行を継続するとともに、不測の事態に備え、予測される危険を回避できること。
13－2	状況認識	1．状況を認識し業務を管理する能力について判定する。 2．状況認識性について判定する。	1．現在の状況を正しく認識し、適切に業務を遂行できること。 2．積極性を持ち、状況を的確に認識できること。
13－3	指揮統率・協調性	乗員間及び地上職員との連携状況について判定する。	積極性を持ち、他の乗員等と協調して業務を遂行できること。
13－4	規則の遵守	運航に必要な規則、規定類の遵守について判定する。	積極性を持ち、規則、規定類を遵守できること。

定期運送用

Ⅲ. 実技試験の一部を模擬飛行装置等を使用して行う場合における実機と模擬飛行装置等の使用区分

実技試験の一部を模擬飛行装置等を使用して行う場合の実機と模擬飛行装置等の使用区分は次のとおりとする。
ただし、実機による試験で行った試験は、模擬飛行装置等。模擬飛行装置等により実施する評価のみの科目であっても評価の対象とする。
また、試験官は、評価の正確性、評価の確実性から必要と認めたときは、使用区分の一部を変更して行うことができる。

科目	飛行訓練装置			模擬飛行装置			
	4	5	6	A	B	C	D
3. 空港等及び場周経路における運転							
3-1 始動・試運転	S(注2)	S(注2)	S	S	S	S	S
3-2 地上滑走	—	—	S	S	—	—	S
3-3 場周飛行と後方乱気流の回避	—	—	—	—	—	—	—
4. 各種離陸及び着陸並びに着陸復行及び離陸中止							
4-1 通常離陸及び横風離陸	—	—	S(注1)	S	S	S	S
4-2 通常着陸及び横風着陸	—	—	S	S	S	S	S
4-3 着陸復行	—	—	S	S	S	S	S
4-4 離陸中止	—	—	S(注1)	S	S	S	S
5. 基本的な計器による飛行							
5-1 基本操作	—	S	S	S	S	S	S
5-2 異常な姿勢からの回復	—	S	S	S	S	S	S
6. 空中操作及び型式の特性に応じた飛行							
6-1 型式特性に対する操作	注5	注5	注5	注5	注5	注5	注5
7. 計器飛行方式による飛行							
7-1 離陸時の計器飛行への移行	—	S(注1)	S(注1)	S	S	S	S
7-2 標準的な計器出発方式及び計器到着方式	—	S	S	S	S	S	S
7-3 待機方式	—	S	S	S	S	S	S
7-4 計器進入方式	—	S	S	S	S	S	S
7-5 進入復行方式	—	S	S	S	S	S	S
7-6 計器進入方式による野外飛行	—	S(注2)	S(注3)	S	S	S(注4)	S(注4)
8. 計器進入方式による野外飛行 全科目	—	—	—	—	—	—	—
9. 飛行全般にわたる通常時の操作							
9-1 通常操作	S(注2)	S(注2)	S	S	S	S	S
10. 異常時及び緊急時の操作							
10-1 緊急時の高度低下及び上昇	S(注2)	S(注2)	S	S	S	S	S
10-2 1発動機不作動時の着陸	S(注2)	S(注2)	S(注2)	S	S	S	S
10-4から10-6までの科目	S	S	S	S	S	S	S
11. 航空交通管制機関等との連絡							
11-1 管制機関等との連絡	S	S	S	S	S	S	S
12. 航空機乗組員間の連絡	S	S	S	S	S	S	S
13. 総合能力 全科目	S	S	S	S	S	S	S

記号の意味　　S ： 模擬飛行装置又は模擬飛行訓練装置により行うことのできる科目
　　　　　　　— ： 模擬飛行装置又は模擬飛行訓練装置により行うことのできない科目

(注1)： 適切なビジュアルシステムを有するものに限る。
(注2)： 適切に装備されたものに限る。
(注3)： 1発動機不作動時の科目は実機により行う。
(注4)： 周回進入からの着陸は実機により行う。
(注5)： 当該操作の内容により異なるため、型式ごとに定める。

備考

Ⅳ. 実地試験成績報告書
　　実地試験成績報告書の様式は次のとおりとする。

定期運送用

実地試験成績報告書
(操縦に2人を要する飛行機及び型式限定変更)

総合判定

① 受 験 者 調 書

ふりがな		生年月日		
氏　　名　　　　　　　　　　印		年　　　　月　　　　日		

受験する資格	試験の種類	技能証明及び計器飛行証明番号
□ 定期運送用操縦士 □ 事業用操縦士 □ 自家用操縦士 □ 准定期運送用操縦士	□ 技能証明 □ 限定変更	_____ No. _____ _____ No. _____ 操縦練習許可書番号 No.

試 験 に 使 用 す る 航 空 機

等　　　級	航 空 機 型 式	国籍記号及び登録記号
□ 陸上多発機 □ 水上多発機	式　　　　　　型	

連　絡　先 (会社団体等)	電話番号
学科試験合格	年　　月　　日　　　　受験地

飛行経歴

総飛行時間	時間　　　分	(操縦関係)	時間　　　分
受験する型式と同じ型式の飛行機の飛行時間		(模擬飛行装置等)	時間　　　分
		(実 機)	時間　　　分

② 教 官 の 証 明

受験者は申請資格に係る模擬飛行装置等による所定の技能を有していることを証明します。

　　　　　　　年　　　月　　　日　　　教官署名

受験者は申請資格に係る所定の技能を有していることを証明します。

　教官の有する技能証明の資格と番号＿＿＿＿＿＿＿＿操縦士　No. ＿＿＿＿＿＿＿＿＿．

　　　　　　　　　　　　　　　　　操縦教育証明　No. ＿＿＿＿＿＿＿＿＿．

　　　　　　　年　　　月　　　日　　　教官署名

③ 試 験 の 実 施

No.1: 模擬飛行装置等 実施日　　年　　月　　日　　受験地 試験官　　　　　　　　　　　　印	No.2: 模擬飛行装置等 ／ 実機 実施日　　年　　月　　日　　受験地 試験官　　　　　　　　　　　　印
特記事項	特記事項

1．受験者は、①受験者調書欄に所要事項を記入又はレ印を付すこと。
2．教官は、②教官の証明欄に所要事項を記入のうえ、試験官に提出すること。
3．氏名を記載し、押印することに代えて、署名することができる。

有効性の確認	項　　　　目	確認
	技能証明書等・無線従事者免許証・飛行経歴	

成　績　表
（定期運送用操縦士技能証明）

試　験　科　目	判　定 No.1	判　定 No.2		試　験　科　目		判　定 No.1	判　定 No.2
口述試験				9．飛行全般にわたる通常時の操作			
1．運航に必要な知識				9－1　通常操作			
1－1　一般知識				10．異常時及び緊急時の操作			
1－2　一般的な航空機事項				10－1　離陸時の発動機故障及び上昇			
1－3　当該型式に関する航空機事項				10－2　1発動機不作動時の着陸			
実技試験				10－3　50%発動機不作動時の着陸			
2．飛行前作業				10－4　発動機の故障			
2－1　証明書・書類				10－5　諸系統又は諸装置の故障	1．発動機、プロペラ		
2－2　重量・重心位置等					2．燃料系統		
2－3　航空情報・気象情報					3．電気系統		
2－4　飛行前点検					4．油圧系統		
3．空港等及び場周経路における運航					5．与圧系統		
3－1　始動・試運転					6．防火設備		
3－2　地上滑走					7．通信・航法装置		
3－3　場周飛行と後方乱気流の回避					8．自動操縦系統		
4．各種離陸及び着陸並びに着陸復行及び離陸中止					9．計器系統		
4－1　通常離陸及び横風離陸					10．操縦系統		
4－2　通常着陸及び横風着陸					11．防除氷装置		
4－3　着陸復行					12．非常装置、装備品		
4－4　離陸中止					13．その他		
5．基本的な計器による飛行				10－6　緊急操作	1．飛行中の火災		
5－1　基本操作					2．煙の制御		
5－2　異常な姿勢からの回復					3．室内の急減圧及び緊急降下		
6．空中操作及び型式の特性に応じた飛行					4．緊急脱出		
6－1　型式特性に対する操作					5．その他		
7．計器飛行方式による飛行				11．航空交通管制機関等との連絡			
7－1　離陸時の計器飛行への移行				11－1　管制機関等との連絡			
7－2　標準的な計器出発方式及び計器到着方式				12．航空機乗組員間の連携			
				12－1　乗員間の連携等			
7－3　待機方式				12－2　飛行状況の確認			
7－4　計器進入方式　精密進入				12－3　通常操作及び異常時・緊急時操作			
非精密進入				13．総合能力			
7－5　進入復行方式				13－1　計画・判断力			
7－6　計器進入からの着陸　直線進入				13－2　状況認識			
周回進入				13－3　指揮統率・協調性			
8．計器飛行方式による野外飛行				13－4　規則の遵守			
8－1　野外飛行計画							
8－2　計器飛行方式による野外飛行							
8－3　代替空港等への飛行							

定期運送用

附　則（平成 24 年 3 月 28 日付け国空航第 825 号）
（施行期日）
　　この操縦士実地試験実施細則は、平成 24 年 4 月 1 日から施行する。

附　則（平成 28 年 4 月 8 日付け国空航第 3417 号）
　1．この操縦士実地試験実施細則は、平成 28 年 8 月 1 日から施行する。
　2．この操縦士実地試験実施細則は、施行の日から平成 29 年 3 月 31 日までは、
　　従前どおりとすることができる。

平成10年3月20日制定（空乗第2039号）
平成13年2月28日一部改正国空乗第2227号
平成16年4月19日一部改正国空乗第2号
平成16年9月22日一部改正国空乗第238号
平成17年3月24日一部改正国空乗第465号
平成20年5月16日一部改正国空乗第60号
平成23年3月28日一部改正国空乗第633号
平成24年9月3日一部改正国空航第431号
平成28年4月8日一部改正国空航第3417号

操縦士実地試験実施細則

型式限定変更

（飛行機）

国土交通省航空局安全部運航安全課

型式限定変更

Ⅰ．一般

1．飛行機に係る型式限定変更実地試験を行う場合は、操縦士実地試験実施基準及びこの細則によるものとする。

2．実地試験は、受験しようとする型式と同じ区分（陸上又は水上の別及び単発又は多発の別）の等級限定を有する者又は准定期運送用操縦士の技能証明を有する者について行う。ただし、やむを得ない事由により首席航空従事者試験官（以下「首席試験官」という。）の承認を受けた場合は、この限りではない。

3．実技試験における横風離着陸、後方乱気流の回避等の科目であって、気象状態、飛行状態等によりその環境を設定できない場合は、当該科目を実施する場合の操作要領、留意事項等について口述による試験を行うことにより実技試験に代えることができる。なお、実地試験の実施要領に「口述」とあるのは、運航中、状況を模擬に設定し、その措置を口頭により説明させ、又は模擬操作を行わせることを意味する。

4．実技試験において発動機を不作動として行うべき科目は、次の区分により実施する。

4－1　模擬飛行装置等による実技試験では完全な不作動状態で実施する。

4－2　実機による実技試験では模擬不作動状態で実施する。模擬不作動状態の出力設定は次のとおりとする。

4－2－1　フェザリング・プロペラを装備した航空機にあっては、プロペラがフェザーとなった場合と同等の抵抗となる出力とする。

4－2－2　その他の航空機にあっては、緩速とする。

5．ＩＬＳ進入における決心高度の適用値は、原則として接地帯標高に200 ftを加えた高度とする。

6．非精密進入における最低降下高度の適用値は、試験に使用する航空機に適用可能な高度として公示された最低の高度とする。

7．試験官が必要と認めた場合であって、管制機関の承認を受けた場合は、公示された待機方式、進入方式及び進入復行方式以外の方式により飛行することができる。

8．フードの使用は、次のとおりとする。

8－1　フードの使用開始は試験官の指示によるものとする。

8－2　フードの使用終了は次のとおりとする。

8－2－1　ＩＬＳ進入に続いて着陸する場合は、決心高度に達する直前

8－2－2　進入復行を行う場合は、原則として対地高度1,500 ft以上に上昇し、かつ、姿勢が安定したとき

8－2－3　非精密進入による直線進入に続いて着陸する場合は、試験に使用する航空機に適用可能な高度として公示された最低降下高度に100 ftを加えた高度以下に降下し、目視降下点（目視降下点が設定されていないときはこれに相当する地点）から概ね900 mの距離に達した

とき

8−2−4　非精密進入による周回進入に続いて着陸する場合は、試験に使用する航空機に適用可能な高度として公示された最低降下高度に100ftを加えた高度以下に降下し、滑走路末端（進入灯又は進入灯台が設置されているときは当該灯火）から、概ね次表に掲げる距離に達したとき

アプローチカテゴリー	距離 （m）
A	1,600
B	1,600
C	2,400
D	3,200

9.　試験官が必要と認めた場合は、自動操縦装置及び自動出力制御装置を使用させないことができる。

10.　模擬飛行装置等を使用して実技試験を行う場合の実施要領は次のとおりとする。

10−1　模擬飛行装置のみにより実技試験を行える条件は、別に示すとおりとする。

10−2　使用する模擬飛行装置等は、国土交通大臣の認定を受けたものであること。ただし、航空局安全部運航安全課長の承認を受けた場合は、この限りでない。

10−3　模擬飛行装置等の気象状態の設定は次のとおりとする。

10−3−1　計器飛行方式により離陸する場合は、実地試験に使用する空港施設の実際の設置状況にかかわらず、ＲＶＲは試験に使用する航空機に適用可能な最低値とする。

10−3−2　計器飛行方式により着陸する場合は、その進入方式の最低気象条件又は進入を継続することができる最低の気象条件のいずれかとする。ただしＩＬＳ進入においてはカテゴリーＩの最低気象条件とする。

10−3−3　計器飛行で行う科目を実施する場合は、飛行視程を0 mとする。

10−4　実技試験の実施要領に「状況を与え」とある場合は、その状況を設定し、処置をさせるものとする。

10−5　模擬飛行装置等による実技試験において次の各号の一に該当する場合は試験を停止し始めからやり直すものとする。

10−5−1　模擬飛行装置等の不具合により模擬飛行が中断し試験の判定が困難なとき

10−5−2　教官席を操作する者が模擬飛行装置等の環境設定を行う能力を有しないとき

型式限定変更

11. 受験者のＰＦ及びＰＮＦ業務について判定するものとする。ただし、一人で操縦できる航空機に係る実地試験については、ＰＮＦ業務は判定しない。なお、「航空従事者技能証明の限定について」（空乗第928号、昭和51年1月5日）に規定された、「構造上、その操縦に二人を要する航空機の型式として限定された航空機のうち、一定の装置を装備したことにより一人で操縦を行うことができるもの」に係る実地試験については、操縦に二人を要する飛行機として扱うものとする。

12. 准定期運送用操縦士に係る限定変更実技試験において、判定する区分は次表のとおりとする。

番号	PF 業務	PNF 業務
2-1 から 2-4 まで	○	
3-1	○	○
3-2	○	○
3-3	○	
4-1 から 4-4 まで	○	○
6-1	○	
7-1 から 7-6 まで	○	○
9-1	○	○
10-1 から 10-6 まで	○	○
11-1	○	○
12-1	○	
12-2		○
12-3		○
13-1 から 13-4 まで	○	○

13. 実技試験の組み合わせ及び順序並びに模擬飛行装置等の環境設定の細部は、首席試験官の定める「型式限定変更実地試験プロファイル」により飛行機の型式ごとに示すものとする。

Ⅱ．型式限定変更実地試験

　1．口述試験

　　口述試験において行うべき科目の実施要領及び判定基準は、次表のとおりとする。

1．運航に必要な知識				
（目　的） 　　試験に使用する型式に関する航空機事項について知識を確認し判定する。 　　（注）（1－2）は、既に有している飛行機の型式限定が、試験に使用する飛行機 　　　　　の型式と耐空類別、発動機の数及び形態等、実施要領の全ての項目に関して 　　　　　類似する場合には行わない。				
番　号	科　目	実　施　要　領	判　定　基　準	
1－1				
1－2	一般的な航空機事項	次の事項について質問する。 1．耐空類別飛行機輸送T又は輸送Cに関する基準（該当する場合に限る。） 2．ジェット機又はプロペラ機の飛行特性 3．人間の能力及び限界 4．その他運航に必要な事項	質問事項について正しく回答できること。（定期運送用操縦士と同等の知識水準を有すること。）	

型式限定変更

番　号	科　目	実　施　要　領	判　定　基　準
1－3	当該型式に関する航空機事項	試験に使用する航空機に関する次の事項について質問する。 　1．性能、諸元、運用限界等 　2．諸系統及び諸装置（故障した場合の処置を含む。） 　　（1）発動機、プロペラ 　　（2）燃料系統 　　（3）電気系統 　　（4）油圧系統 　　（5）与圧系統 　　（6）防火設備 　　（7）通信・航法装置 　　（8）自動操縦系統 　　（9）計器系統 　　（10）操縦系統 　　（11）防除氷装置 　　（12）非常装置、装備品 　　（13）その他 　3．燃料及び滑油 　4．通常操作及び緊急操作 　5．その他必要な事項	質問事項について正しく回答できること。（定期運送用操縦士と同等の知識水準を有すること。）

- 53 -

2．実技試験

実技試験において行うべき科目の実施要領及び判定基準は、次表のとおりとする。

2．飛行前作業

（目　的）
飛行前に機長が行うべき確認事項の実施について判定する。

番　号	科　目	実　施　要　領	判　定　基　準
2－1	証明書・書類	1．航空機登録証明書、耐空証明書、運用限界等指定書等必要な書類の有効性を確認させる。 2．航空日誌等により航空機の整備状況及び積載物の安全性について確認させる。 3．所要の事項について質問する。	1．必要な証明書、書類等の有効性を確認できること。 2．記載事項を解読し、確認できること。 3．質問事項について、正しく回答できること。
2－2	重量・重心位置等	1．試験に使用する航空機の重量、重心位置を計算させる。 （注）計算には、搭載用グラフ又は計算器を使用させてもよい。 2．燃料及び滑油の搭載量及びその品質について確認させる。 3．所要の事項について質問する。	1．空虚重量、全備重量、搭載重量等の区分を正しく理解し、重量及び重心位置が許容範囲内にあることを正しく確認できること。 2．燃料及び滑油の搭載量及びその品質について確認できること。 3．質問事項について、正しく回答できること。
2－3	航空情報・気象情報	1．所要の航空情報を入手させ、飛行に関連のある事項について説明させる。 2．所要の気象情報を入手させ、天気概況、飛行場及び使用空域の実況及び予報について説明させる。 3．所要の事項について質問する。	1．航空情報を正しく理解できること。 2．天気図等を使用し、天気概況の説明が正しくできること。 3．各種の気象通報式の解読が正しくできること。 4．じょう乱及び凍結等飛行障害現象の存在を予測できること。 5．気象情報、航空情報を検討し、飛行の可否が判断できること。 6．質問事項について、正しく回答できること。

型式限定変更

番 号	科 目	実 施 要 領	判 定 基 準
2－4	飛行前点検	1．外部点検及び内部点検を行わせる。 2．点検中、諸系統及び諸装置について質問する。 （注）　模擬飛行装置のみにより実技試験を行う場合は、実際に行うことができない作業については、口述で実施する。	1．点検個所及び操作の意味を正しく理解していること。 2．運航者が設定した方式及び手順に従って、各種の機器類を正しく、かつ、円滑に点検、設定できること。 3．質問事項について、正しく回答できること。

3．空港等及び場周経路における運航

（目　的）
　　空港等及び場周経路における運航について判定する。

番　号	科　目	実　施　要　領	判　定　基　準
3－1	始動・試運転	発動機の始動及び試運転を行わせる。	（知識） 　運用限界、制限事項等に関する知識を有し、その知識が運航に生かされていること。 （手順） 　運航者が設定した方式及び手順に従って正しく実施できること。 （操作） 　円滑、かつ、確実に実施できること。
3－2	地上滑走	地上滑走を行わせる。	（知識） 　関連する運用限界、システム及び飛行場施設の知識を有し、その知識が運航に生かされていること。 （手順） 　運航者が設定した方式及び手順に従って正しく実施できること。 （操作） 　円滑な操作により、他機や障害物など周辺の状況を考慮した適切な速度で滑走できること。

型式限定変更

番　号	科　目	実　施　要　領	判　定　基　準
3－3	場周飛行と後方乱気流の回避	所定の方式に従って場周経路を飛行させる。	（知識） 　後方乱気流の成因とその影響その他の場周飛行に関する知識を有し、その知識が運航に生かされていること。 （手順） 　運航者が設定した方式及び手順に従って正しく実施できること。 （操作） 　1．円滑で安定した操作により場周経路を正しく飛行できること。 　2．場周飛行における諸元は以下の範囲内であること。 　　高度：±100 ft 　　速度：±10 kt 　　　　　（Minimum maneuvering speedが設定されている場合は当該速度を下回らないこと。） 　3．先行機との間隔を適切に設定できること。

- 57 -

4．各種離陸及び着陸並びに着陸復行及び離陸中止

（目　的）

　　各種離陸及び着陸並びに着陸復行及び離陸中止について判定する。

番　号	科　目	実　施　要　領	判　定　基　準
4－1	通常離陸及び横風離陸	通常の離陸及び横風での離陸を行わせる。	（知識） 　離陸性能及び関連する運用限界等の知識を有し、その知識が運航に生かされていること。 （手順） 　運航者が設定した方式及び手順に従って正しく実施できること。 （操作） 1．　速度は±5 kt以内の変化であること。ただし、設定した方式が上昇姿勢で指定される場合には、速度ではなく、その姿勢の維持が安定していること。 2．　V_2を下回らないこと。 3．　適切な横風修正ができること。 4．　円滑な操作であること。

型式限定変更

番 号	科 目	実 施 要 領	判 定 基 準
4－2	通常着陸及び横風着陸	通常の着陸及び横風での着陸を行わせる。	（知識） 　着陸性能及び関連する運用限界等の知識を有し、その知識が運航に生かされていること。 （手順） 　運航者が設定した方式及び手順に従って正しく実施できること。 （操作） 　1．所定の経路を正しく飛行できること。 　2．進入速度は±5 kt（定期運送用操縦士については、＋5 ／－0 kt）以内の変化であること。 　3．円滑で安定した操作であること。 　4．接地点は、目標点標識進入末端（目標点標識がない場合はこれに相当する地点）又は運航者が定めた地点から進入方向に＋225/－75 mの範囲内であること。 　5．横滑り状態で接地しないこと。 　6．接地方向が偏位しないこと。 　7．接地後は正確に直線滑走できること。 （注）　実機と模擬飛行装置等を併用する場合は、返し操作以降については実機により判定する。

番 号	科 目	実 施 要 領	判 定 基 準
4－3	着陸復行	着陸進入時に、滑走路末端標高から50 ft以下で着陸復行を決意すべき状況又は試験官の指示を与え、着陸復行を行わせる。	（知識） 　着陸復行及びシステムに関する知識を有し、その知識が運航に生かされていること。 （手順） 　運航者が設定した方式及び手順に従って正しく実施できること。 （操作） 　1．機を失せず着陸復行の操作が円滑に実施できること。 　2．速度は±5 kt以内の変化であること。ただし、設定した方式が上昇姿勢で指定される場合には、速度ではなく、その姿勢の維持が安定していること。 　3．適切な横風修正ができること。
4－4	離陸中止	離陸滑走時に、速度がV_1に達する前に1発動機を不作動とすることにより、離陸中止を行わせる。	（知識） 　離陸性能、運用限界及びシステムその他の関連する知識を有し、その知識が運航に生かされていること。 （手順） 　運航者が設定した方式及び手順に従って正しく実施できること。 （操作） 　1．機を失せず離陸中止の操作が円滑にできること。 　2．停止までの間は、概ね滑走路の中心線上を保持できること。 　3．滑走路内で安全に停止できること。

型式限定変更

5．基本的な計器による飛行

番　号	科　目	実　施　要　領	判　定　基　準
5－1 〜 5－2			

6．空中操作及び型式の特性に応じた飛行

（目　的）
　　型式特性に対する操作について判定する。

番　号	科　目	実　施　要　領	判　定　基　準
6－1	型式特性に対する操作	型式ごとに別途設定する。	型式ごとに別途設定する。

型式限定変更

7．計器飛行方式による飛行

（目　的）
　計器飛行方式による飛行方法及び計器飛行による各種操作について判定する。

番　号	科　目	実　施　要　領	判　定　基　準
7－1	離陸時の計器飛行への移行	所定の方式に従って飛行させる。 （注）離陸は雲高100 ftの想定で行う。	（知識） 　離陸性能及び関連する運用限界等の知識を有し、その知識が運航に生かされていること。 （手順） 　運航者が設定した方式及び手順に従って正しく実施できること。 （操作） 　1．計器飛行へ円滑に移行し安定した離陸を継続できること。 　2．速度は±5 kt以内の変化であること。ただし、設定した方式が上昇姿勢で指定される場合には、速度ではなく、その姿勢の維持が安定していること。 　3．V_2を下回らないこと。
7－2	標準的な計器出発方式及び計器到着方式	所定の方式に従って飛行させる。	（知識） 　出発方式、到着方式及びシステムに関する知識を有し、その知識が運航に生かされていること。 （手順） 　管制承認された方式、運航者の設定した方式及び手順に従って正しく実施できること。 （操作） 　1．航法装置等を適切に使用し、所定の方式に従って円滑に飛行できること。 　2．トラッキングを行う場合は、CDIフルスケールの左右1/2又はRMIの±5度以内の変化であること。 　3．特定の針路で飛行する場合は、針路は ±10度以内の変化であること。

- 63 -

番 号	科 目	実 施 要 領	判 定 基 準
7－3	待機方式	所定の方式に従って、待機経路を飛行させる。	（知識） 　待機方式及びシステム等に関する知識を有し、その知識が運航に生かされていること。 （手順） 　管制承認された方式、運航者の設定した方式及び手順に従って正しく実施できること。 （操作） 　1．航法装置等を適切に使用できること。 　2．所定の方式に従って円滑に飛行できること。 　3．諸元は以下の範囲内であること。 　　　高度　：　±100 ft 　　　速度　：　±10 kt

型式限定変更

番 号	科 目	実 施 要 領	判 定 基 準
7－4	計器進入方式	（精密進入） 　所定の方式により、ＩＬＳ進入を行わせる。	（知識） 　精密進入方式、システム及び運航方式等に関する知識を有し、その知識が運航に生かされていること。 （手順） 　管制承認された方式、運航者の設定した方式及び手順に従って正しく実施できること。 （操作） 　１．所定の方式に従って円滑に飛行できること。 　２．最終進入以前の諸元は以下の範囲内であること。 　　高度　　：±100 ft 　　速度　　：±10 kt 　３．最終進入以降の諸元は以下の範囲内であること。 　　速度　　：±5 kt 　　ローカライザー：フルスケールの左右1/2 　　グライドスロープ ：フルスケールの上下1/2 　　　ただし、滑走路末端標高500 ftから決心高までの間は、 　　速度　　：±5 kt 　　（定期運送用操縦士については＋5/－0 kt） 　　ローカライザー　：フルスケールの左右1/4 　　（定期運送用操縦士についてはフルスケールの左右1/6） 　　グライドスロープ：フルスケールの上下1/2 　４．その他は（4－2）に同じ。ただし、1発動機不作動の場合は（10－2）に同じ。

番 号	科 目	実 施 要 領	判 定 基 準
7－4 (続き)	計器進入方式	（非精密進入） 1．運航者の申請に基づき首席試験官が指定する非精密進入を所定の方式により行わせる。 2．直線進入及び周回進入を行う。	（知識） 　非精密進入方式、システム及び運航方式等に関する知識を有し、その知識が運航に生かされていること。 （手順） 　管制承認された方式、運航者の設定した方式及び手順に従って正しく実施できること。 （操作） 　1．所定の方式に従って円滑に飛行できること。 　2．最終進入以前の諸元は以下の範囲内であること。 　　高度　：±100 ft 　　速度　：±10 kt 　3．最終進入以降の諸元は以下の範囲内であること。 　　速度　：±5 kt 　　　　　（ Minimum　maneuvering speedが設定されている場合は当該速度を下回らないこと。） 　　トラッキング　：CDIフルスケールの左右1/2又はRMIの±5度 　4．(1) 直線進入を行う場合 　　　　目視降下点又はこれに相当する地点までに適切な降下パスに会合できること。 　　(2) 周回進入を行う場合 　　　　進入復行点までに最低降下高度に降下できること。 　5．最低降下高度に到達後、水平飛行を行う場合の高度は、+50 /−20 ft以内の変化であること。 　6．その他は（4－2）に同じ。ただし1発動機不作動の場合は（10－2）に同じ。

型式限定変更

番　号	科　目	実　施　要　領	判　定　基　準
7－5	進入復行方式	計器飛行状態で所定の方式により進入復行を行わせる。	（知識） 　進入復行方式及びシステム等に関する知識を有し、その知識が運航に生かされていること。 （手順） 　管制承認された方式、運航者の設定した方式及び手順に従って正しく実施できること。 （操作） 　1．機を失せず進入復行の操作が円滑に実施できること。 　2．航法装置等の使用が適切であること。 　3．速度は±5 kt以内の変化であること。ただし、設定した方式が上昇姿勢で指定される場合には、速度ではなく、その姿勢の維持が安定していること。 　4．特定の針路で飛行する場合は、針路は ±10度以内の変化であること。 　5．トラッキングを行う場合は、ＣＤＩフルスケールの左右1/2又はＲＭＩの±5度以内の変化であること。

番　号	科　目	実　施　要　領	判　定　基　準
7－6	計器進入からの着陸	最低気象状件に概ね対応する区域内で計器進入からの着陸を行わせる。	（知識） 　着陸性能及び関連する運用限界等の知識を有し、その知識が運航に生かされていること。 （手順） 　運航者が設定した方式及び手順に従って正しく実施できること。 （操作） 　1．計器飛行から目視飛行へ移行したのち安定した進入及び着陸ができること。 　2．周回進入中の諸元等は以下の範囲内であること。 　　　高度　：＋50/－20 ft 　　　　　　（着陸のための降下開始までの間） 　　　速度　：±10 kt 　　　　　　（Minimum maneuvering speed が設定されている場合は当該速度を下回らないこと。） 　　　傾斜角：30 度以内 　　　経路　：著しく広い経路とならないこと。 　3．最低降下高度未満での速度は、±5 kt（定期運送用操縦士については＋5/－0 kt）以内の変化であること。 　4．その他は（4－2）に同じ。ただし、1発動機不作動の場合は（10－2）に同じ。

- 68 -

型式限定変更

8．計器飛行方式による野外飛行			
番　号	科　目	実　施　要　領	判　定　基　準
8－1 〜 8－3			

9．飛行全般にわたる通常時の操作

（目　的）
　飛行全般にわたり航空機の通常操作について判定する。

番　号	科　目	実　施　要　領	判　定　基　準
9－1	通常操作	次の系統又は装置について、所定の手順を行わせる。 （1）発動機、プロペラ （2）燃料系統 （3）電気系統 （4）油圧系統 （5）与圧系統 （6）防火設備 （7）通信・航法装置 （8）自動操縦系統 （9）計器系統 （10）操縦系統 （11）防除氷装置 （12）非常装置、装備品 （13）その他	（知識） 　装備されたシステムとその使用方法に関する知識を有し、その知識が運航に生かされていること。 （手順） 　運航方針に従った手順が正しく実施できること。 （操作） 　適切かつ確実な操作が実施でき、必要に応じて代替措置がとれること。

型式限定変更

10. 異常時及び緊急時の操作

（目　的）

　　緊急状態となった場合の操作手順及び判断力について判定する。

　（注）　1．実機のみにより実技試験を行う場合は、模擬することができない一部の科目については口述により行うことができる。

　　　　　2．（10－3）は、双発機については実施しない。

番　号	科　目	実　施　要　領	判　定　基　準
10－1	離陸時の発動機故障及び上昇	V_1からV_2までの間で1発動機を不作動にして離陸させる。	（知識） 　離陸性能、関連する運用限界及びシステム等の知識を有し、その知識が運航に生かされていること。 （手順） 　運航者が設定した方式及び手順に従って正しく実施できること。 （操作） 　1．　速度は±10 kt（定期運送用操縦士については±5 kt）以内の変化であること。ただし、設定した方式が上昇姿勢で指定される場合には、速度ではなく、その姿勢の維持が安定していること。 　2．V_2を下回らないこと。 　3．針路は±10度以内の変化であること。 　4．円滑な操作であること。

番 号	科 目	実 施 要 領	判 定 基 準
10－2	1 発動機不作動時の着陸	1 発動機を不作動にして進入及び着陸を行わせる。	（知識） 　発動機不作動状態での性能、関連する運用限界及びシステム等の知識を有し、その知識が運航に生かされていること。 （手順） 　運航者が設定した方式及び手順に従って正しく実施できること。 （操作） 　1．所定の経路を正しく飛行できること。 　2．進入速度は±5 kt（定期運送用操縦士については、＋5 ／－0 kt）以内の変化であること。 　3．円滑で安定した操作であること。 　4．接地点は、目標点標識進入末端（目標点標識がない場合はこれに相当する地点）又は運航者が定めた地点から進入方向に＋225/－75 mの範囲内であること。 　5．横滑り状態で接地しないこと。 　6．接地方向の偏位がないこと。 　7．接地後は正確に直線滑走できること。

型式限定変更

番　号	科　目	実　施　要　領	判　定　基　準
10－3	５０％発動機不作動時の着陸	３発動機を装備した型式機にあっては中央及び左右いずれか一方の発動機、４発動機を装備した型式機にあっては片側２発動機をそれぞれ不作動として進入及び着陸を行わせる。	（10－2）に同じ。
10－4	発動機の故障	計器飛行状態で予告なしに１発動機不作動の状況を与える。	（知識） 　関連する運用限界及びシステム等の知識を有し、その知識が運航に生かされていること。 （手順） 　運航者が設定した方式及び手順に従って正しく実施できること。 （操作） 　１．発動機の停止操作を完了するまでの間の諸元は以下の範囲内であること。 　　高度　　：±100 ft 　　針路　　：±20 度 　２．停止操作完了後の諸元は以下の範囲内であること。 　　高度　　：±100 ft 　　針路　　：±10 度 　　速度　　：１発動機不作動時の最良上昇率速度以上の安全な速度

番 号	科 目	実 施 要 領	判 定 基 準
10－5	諸系統又は諸装置の故障	次の中から選択した系統又は装置について、故障の状況を与え、所定の操作を行わせる。 　（1）発動機、プロペラ 　（2）燃料系統 　（3）電気系統 　（4）油圧系統 　（5）与圧系統 　（6）防火設備 　（7）通信・航法装置 　（8）自動操縦系統 　（9）計器系統 　（10）操縦系統 　（11）防除氷装置 　（12）非常装置、装備品 　（13）その他	（知識） 　関連する運用限界及びシステム等の知識を有し、その知識が運航に生かされていること。 （手順） 　運航者が設定した方式及び手順に従って正しく実施できること。 （操作） 　円滑、かつ、適切な処置及び操作が実施できること。
10－6	緊急操作	次の中から選択した状況を与え、所定の操作を行わせる。 　（1）飛行中の火災 　（2）煙の制御 　（3）室内の急減圧及び緊急降下 　（4）緊急脱出 　（5）その他	（知識） 　関連する運用限界及びシステム等の知識を有し、その知識が運航に生かされていること。 （手順） 　運航者が設定した方式及び手順に従って正しく実施できること。 （操作） 　1．円滑、かつ、適切な処置及び操作が実施できること。 　2．　発動機を停止する場合の諸元は（10－4）に同じ。

- 74 -

型式限定変更

11. 航空交通管制機関等との連絡			
(目　的) 　飛行全般にわたり航空交通管制機関等との連絡について判定する。			
番　号	科　目	実　施　要　領	判　定　基　準
11－1	管制機関等との連絡	所定の方法により管制機関等と無線電話により交信し、必要な情報及び許可を受けさせる。	1．所定の方法により円滑に情報を入手できること。 2．管制機関の指示に違反し又は必要な許可を受けないで運航しないこと。

12. 航空機乗組員間の連携

（目　的）
　　飛行全般にわたり乗員間の連携等について判定する。

　　（注）　1人で操縦できる飛行機についてはPNF業務は行わない。

番　号	科　目	実　施　要　領	判　定　基　準
12－1	乗員間の連携等	PFとして、他の乗組員と連携し必要な飛行作業を行わせる。	乗員間の連携等が適時緊密にできること。
12－2	飛行状況の確認	PNFとして、規定等に定められた飛行状況の確認及び運航方針に従った手順を行わせる。	1．スタンダード・コールアウトが正しく実施できること。 2．運航方針に従った手順が正しく実施できること。
12－3	通常操作及び異常時・緊急時操作	PNFとしての所定の操作を行わせる。	運航方針に従って正しく、かつ、円滑に実施できること。

- 76 -

型式限定変更

13. 総合能力

（目　的)

　　実地試験の全般にわたり、規定類を遵守し、積極性を持ち、航空機及びその運航の状況を正しく認識するとともに、乗員間等の連携を保って業務を遂行できる定期運送用操縦士、事業用操縦士、自家用操縦士又は准定期運送用操縦士としての総合能力について判定する

　　（注）准定期運送用操縦士については、指揮統率は判定しない。

番　号	科　目	判　定　要　領	判　定　基　準
13－1	計画・判断力	飛行全般にわたって、先見性をもって飛行を計画する能力及び変化する各種の状況下において適切に判断できる能力について判定する。	事後の操縦操作を予測して適切に飛行を継続するとともに、不測の事態に備え、予測される危険を回避できること。
13－2	状況認識	1．状況を認識し業務を管理する能力について判定する。 2．状況認識性について判定する。	1．現在の状況を正しく認識し、適切に業務を遂行できること。 2．積極性を持ち、状況を的確に認識できること。
13－3	指揮統率・協調性	乗員間及び地上職員との連携状況について判定する。	積極性を持ち、他の乗員等と協調して業務を遂行できること。
13－4	規則の遵守	運航に必要な規則、規定類の遵守について判定する。	積極性を持ち、規則、規定類を遵守できること。

Ⅲ．実技試験の一部を模擬飛行装置等を使用して行う場合における実機と模擬飛行装置等の使用区分

実技試験の一部を模擬飛行装置等を使用して行う場合の実機と模擬飛行装置等の使用区分は次のとおりとする。

ただし、実機による試験でも行った科目で操作は、模擬飛行装置等により実施する科目でのみ評価の対象とする。

また、試験官は、評価の正確性、評価の性能等、模擬飛行装置等の性能等から必要と認めたときは、使用区分の一部を変更して行うことができる。

科目	飛行訓練装置			模擬飛行装置			
	4	5	6	A	B	C	D
3. 空港等及び場周経路における運転							
3-1 始動・試運転	S(注2)	S(注2)	S	S	S	S	S
3-2 地上滑走	—	—	—	—	—	S	S
3-3 場周飛行と後方乱気流の回避	—	—	—	S	S	S	S
4. 各種離着陸並びに着陸復行及び離陸中止							
4-1 通常離陸及び横風離陸	—	—	S	S	S	S	S
4-2 通常着陸及び横風着陸	—	—	S	S	S	S	S
4-3 着陸復行	—	—	S	S	S	S	S
4-4 離陸中止	—	—	S(注1)	S	S	S	注5
6. 空中操作及び型式の特性に応じた飛行							
6-1 型式特性に対する操作	注5	注5	注5	注5	注5	注5	注5
7. 計器飛行方式による飛行							
7-1 離陸時の計器飛行への移行	—	—	S(注1)	S	S	S	S
7-2 標準的な計器出発方式及び計器到着方式	—	—	S	S	S	S	S
7-3 待機方式	—	—	S	S	S	S	S
7-4 計器進入方式	—	—	S	S	S	S	S
7-5 進入復行方式	—	—	S(注3)	S	S	S	S
7-6 計器進入からの着陸	—	—	S(注3)	S(注4)	—	S(注4)	S(注4)
9. 飛行全般にわたる通常時の操作							
9-1 通常操作	S(注2)	S(注2)	S	S	S	S	S
10. 異常時及び緊急時の操作							
10-1 離陸時の発動機故障及び上昇	—	—	S	S	S	S	S
10-2 1発動機不作動時の実機	—	—	S	S	S	S	S
10-3 50%発動機不作動時の着陸	—	—	S	S	S	S	S
10-4から10-6までの科目	S(注2)	S(注2)	S	S	S	S	S
11. 航空交通管制機関等との連絡							
11-1 管制機関等との連絡	S	S	S	S	S	S	S
12. 航空機乗組員間の連携	S	S	S	S	S	S	S
13. 全科目							
全科目	S	S	S	S	S	S	S
総合能力	S	S	S	S	S	S	S

記号の意味　S：模擬飛行装置等により行うことのできる科目
　　　　　　—：模擬飛行装置等により行うことのできない科目

(注1)　適切なビジュアルシステムを有するものに限る。
(注2)　適切に装備されたものに限る。
(注3)　1発動機不作動時の科目は実機により行う。
(注4)　周回進入からの着陸は実機により行う。
(注5)　当該操作の内容により異なるため、型式ごとに定める。

備考

型式限定変更

IV. 実地試験成績報告書
　実地試験成績報告書の様式は次のとおりとする。

実地試験成績報告書

（操縦に２人を要する飛行機及び型式限定変更）

総合判定

① 受 験 者 調 書

ふりがな		生年月日	
氏　名　　　　　　　　　　　　　印		年　　　月　　　日	

受験する資格	試験の種類	技能証明及び計器飛行証明番号
□ 定期運送用操縦士	□ 技能証明	_____ No. _____
□ 事業用操縦士	□ 限定変更	_____ No. _____
□ 自家用操縦士		操縦練習許可書番号
□ 准定期運送用操縦士		No. _____

試 験 に 使 用 す る 航 空 機

等　　　級	航 空 機 型 式	国籍記号及び登録記号
□ 陸上多発機	式　　　　　　型	
□ 水上多発機		

連　絡　先 （会社団体等）	電話番号
学科試験合格	年　　　月　　　日　　　　受験地

飛行経歴

総飛行時間	時間　　分	（操縦関係）	時間　　分
受験する型式と同じ型式の飛行機の飛行時間		（模擬飛行装置等）	時間　　分
		（　実　機　）	時間　　分

② 教 官 の 証 明

受験者は申請資格に係る模擬飛行装置等による所定の技能を有していることを証明します。

　　　　　年　　　月　　　日　　　　教官署名

受験者は申請資格に係る所定の技能を有していることを証明します。

　教官の有する技能証明の資格と番号_____操縦士　No. _____ .

　　　　　　　　　　　　　　　　　　操縦教育証明　No. _____ .

　　　　　年　　　月　　　日　　　　教官署名

③ 試 験 の 実 施

No.1: 模擬飛行装置等	No.2: 模擬飛行装置等　／　実機
実施日　　年　　月　　日　　受験地	実施日　　年　　月　　日　　受験地
試験官　　　　　　　　　　　　印	試験官　　　　　　　　　　　　印
特記事項	特記事項

１．受験者は、①受験者調書欄に所要事項を記入又はレ印を付すこと。
２．教官は、②教官の証明欄に所要事項を記入のうえ、試験官に提出すること。
３．氏名を記載し、押印することに代えて、署名することができる。

型式限定変更

有効性の確認	項　　　　　目	確認
	技能証明書等・無線従事者免許証・飛行経歴	

成　績　表
（型式限定変更）

試　験　科　目		判　定		試　験　科　目		判　定	
		No.1	No.2			No.1	No.2
口述試験				9．飛行全般にわたる通常時の操作			
1．運航に必要な知識				9－1　　通常操作			
1－2　　一般的な航空機事項				10．異常時及び緊急時の操作			
1－3　　当該型式に関する航空機事項				10－1　離陸時の発動機故障及び上昇			
実技試験				10－2　1発動機不作動時の着陸			
2．飛行前作業				10－3　50%発動機不作動時の着陸			
2－1　　証明書・書類				10－4　発動機の故障			
2－2　　重量・重心位置等				10－5　諸系統又は諸装置の故障　1．発動機、プロペラ			
2－3　　航空情報・気象情報				2．燃料系統			
2－4　　飛行前点検				3．電気系統			
3．空港等及び場周経路における運航				4．油圧系統			
3－1　　始動・試運転				5．与圧系統			
3－2　　地上滑走				6．防火設備			
3－3　　場周飛行と後方乱気流の回避				7．通信・航法装置			
4．各種離陸及び着陸並びに着陸復行及び離陸中止				8．自動操縦系統			
4－1　　通常離陸及び横風離陸				9．計器系統			
4－2　　通常着陸及び横風着陸				10．操縦系統			
4－3　　着陸復行				11．防除氷装置			
4－4　　離陸中止				12．非常装置、装備品			
6．空中操作及び型式の特性に応じた飛行				13．その他			
6－1　　型式特性に対する操作				10－6　緊急操作　1．飛行中の火災			
7．計器飛行方式による飛行				2．煙の制御			
7－1　　離陸時の計器飛行への移行				3．室内の急減圧及び緊急降下			
7－2　　標準的な計器出発方式及び　　　　計器到着方式				4．緊急脱出			
7－3　　待機方式				5．その他			
7－4　　計器進入方式　精密進入				11．航空交通管制機関等との連絡			
非精密進入				11－1　管制機関等との連絡			
7－5　　進入復行方式				12．航空機乗組員間の連携			
7－6　　計器進入からの着陸　直線進入				12－1　乗員間の連携等			
周回進入				12－2　飛行状況の確認			
				12－3　通常操作及び異常時・緊急時操作			
				13．総合能力			
				13－1　計画・判断力			
				13－2　状況認識			
				13－3　指揮統率・協調性			
				13－4　規則の遵守			

- 81 -

附　則
　1．この操縦士実地試験実施細則は、平成 23 年 4 月 1 日から施行する。

附　則（平成 28 年 4 月 8 日付け国空航第 3417 号）
　1．この操縦士実地試験実施細則は、平成 28 年 8 月 1 日から施行する。
　2．この操縦士実地試験実施細則は、平成 29 年 3 月 31 日までは、従前どおりと
　　することができる。

国空乗第823号　平成24年3月28日
国空航第689号　平成27年11月26日
国空航第3417号　平成28年4月8日

操縦士実地試験実施細則

准定期運送用操縦士

（飛行機）

国土交通省航空局安全部運航安全課

准定期運送用操縦士

Ⅰ．一般
　1．　飛行機に係る准定期運送用操縦士の実地試験を行う場合は、操縦士実地試験実施基準及びこの細則によるものとする。
　2．　実技試験における横風離着陸、後方乱気流の回避等の科目であって、気象状態、飛行状態等によりその環境を設定できない場合は、当該科目を実施する場合の操作要領、留意事項等について口述による試験を行うことにより実技試験に代えることができる。なお、実地試験の実施要領に「口述」とあるのは、運航中、状況を模擬に設定し、その措置を口頭により説明させ、又は模擬操作を行わせることを意味する。
　3．　実技試験において発動機を不作動として行うべき科目は、次の区分により実施する。
　　　3－1　　模擬飛行装置等による実技試験では完全な不作動状態で実施する。
　　　3－2　　実機による実技試験では模擬不作動状態で実施する。模擬不作動状態の出力設定は次のとおりとする。
　　　　　3－2－1　　フェザリング・プロペラを装備した航空機にあっては、プロペラがフェザーとなった場合と同等の抵抗となる出力とする。
　　　　　3－2－2　　その他の航空機にあっては、緩速とする。
　4．　ILS進入における決心高度の適用値は、原則として接地帯標高に200 ftを加えた高度とする。
　5．非精密進入における最低降下高度の適用値は、試験に使用する航空機に適用可能な高度として公示された最低の高度とする。
　6．　試験官が必要と認めた場合であって、管制機関の承認を受けた場合は、公示された待機方式、進入方式及び進入復行方式以外の方式により飛行することができる。
　7．フードの使用は、次のとおりとする。
　　　7－1　　フードの使用開始は試験官の指示によるものとする。
　　　7－2　　フードの使用終了は次のとおりとする。
　　　　　7－2－1　　ILS進入に続いて着陸する場合は、決心高度に達する直前
　　　　　7－2－2　　進入復行を行う場合は、原則として対地高度1,500 ft以上に上昇し、かつ、姿勢が安定したとき
　　　　　7－2－3　　非精密進入による直線進入に続いて着陸する場合は、試験に使用する航空機に適用可能な高度として公示された最低降下高度に100 ftを加えた高度以下に降下し、目視降下点（目視降下点が設定されていないときはこれに相当する地点）から概ね900 mの距離に達したとき。
　　　　　7－2－4　　非精密進入による周回進入に続いて着陸する場合は、試験に使用する航空機に適用可能な高度として公示された最低降下高度に100 ftを加えた高度以下に降下し、滑走路末端（進入灯又は進入灯

台が設置されているときは当該灯火）から、概ね次表に掲げる距離
に達したとき。

アプローチカテゴリー	距離（m）
A	1,600
B	1,600
C	2,400
D	3,200

8．　試験官が必要と認めた場合は、自動操縦装置及び自動出力制御装置を使用させ
　　ないことができる。

9．模擬飛行装置等を使用して実技試験を行う場合の実施要領は次のとおりとする。
　9－1　模擬飛行装置のみにより実技試験を行える条件は、別に示すとおりとする。
　9－2　使用する模擬飛行装置等は、国土交通大臣の認定を受けたものであること。
　　　　ただし、航空局安全部運航安全課長の承認を受けた場合は、この限りでない。
　9－3　　模擬飛行装置等の気象状態の設定は次のとおりとする。
　　　　9－3－1　　計器飛行方式により離陸する場合は、実地試験に使用する空港施
　　　　　　　　　設の実際の設置状況にかかわらず、ＲＶＲは試験に使用する航空機
　　　　　　　　　に適用可能な最低値とする。
　　　　9－3－2　　計器飛行方式により着陸する場合は、その進入方式の最低気象条
　　　　　　　　　件又は進入を継続することができる最低の気象条件のいずれかとす
　　　　　　　　　る。ただしＩＬＳ進入においてはカテゴリーＩの最低気象条件とす
　　　　　　　　　る。
　　　　9－3－3　　計器飛行で行う科目を実施する場合は、飛行視程を0 ｍとする。
　9－4　　実技試験の実施要領に「状況を与え」とある場合は、その状況を設定し、
　　　　処置をさせるものとする。
　9－5　　模擬飛行装置等による実技試験において次の各号の一に該当する場合は
　　　　試験を停止し始めからやり直すものとする。
　　　　9－5－1　　模擬飛行装置等の不具合により模擬飛行が中断し試験の判定が困
　　　　　　　　　難なとき。
　　　　9－5－2　　教官席を操作する者が模擬飛行装置等の環境設定を行う能力を有
　　　　　　　　　しないとき。

10．　受験者のＰＦ及びＰＮＦ業務について判定するものとする。なお、ＰＦ業務は
　　原則として右席で実施するものとする。

11．　実技試験の組み合わせ及び順序並びに模擬飛行装置等の環境設定の細部は、首
　　席試験官の定める「准定期運送用操縦士技能証明実地試験プロファイル」により
　　飛行機の型式ごとに示すものとする。

准定期運送用操縦士

Ⅱ．技能証明実地試験

1．口述試験

口述試験において行うべき科目の実施要領及び判定基準は、次表のとおりとする。

1．運航に必要な知識			
（目　的） 　　運航に必要な一般知識及び試験に使用する型式に関する航空機事項について知識を確認し判定する。			
番　　号	科　　目	実　施　要　領	判　定　基　準
1－1	一般知識	次の事項について質問する。 1．計器飛行方式 2．航空交通管制方式 3．航空保安無線施設の特性と利用法 4．捜索救難 5．人間の能力及び限界 6．その他運航に必要な事項	質問事項について正確に回答できること。（定期運送用操縦士と同等の知識水準を有すること。）
1－2	一般的な航空機事項	次の事項について質問する。 1．耐空類別飛行機輸送Ｔに関する基準 2．ジェット機又はプロペラ機の飛行特性 3．その他必要な事項	質問事項について正確に回答できること。（定期運送用操縦士と同等の知識水準を有すること。）

番　号	科　目	実　施　要　領	判　定　基　準
1－3	当該型式に関する航空機事項	試験に使用する航空機に関する次の事項について質問する。 1．性能、諸元、運用限界等 2．諸系統及び諸装置（故障した場合の処置を含む。） 　（1）発動機、プロペラ 　（2）燃料系統 　（3）電気系統 　（4）油圧系統 　（5）与圧系統 　（6）防火設備 　（7）通信・航法装置 　（8）自動操縦系統 　（9）計器系統 　（10）操縦系統 　（11）防除氷装置 　（12）非常装置、装備品 　（13）その他 3．燃料及び滑油 4．通常操作及び緊急操作 5．その他必要な事項	質問事項について正確に回答できること。（定期運送用操縦士と同等の知識水準を有すること。）

准定期運送用操縦士

2．実技試験
　　実技試験において行うべき科目の実施要領及び判定基準は、次表のとおりとする。

2．飛行前作業			
（目　的） 　　飛行前に行う確認事項について判定する。			
番　号	科　目	実　施　要　領	判　定　基　準
2−1	証明書・書類	1．航空機登録証明書、耐空証明書、運用限界等指定書等必要な書類の有効性を確認させる。 2．航空日誌等により航空機の整備状況及び積載物の安全性について確認させる。 3．所要の事項について質問する。	1．必要な証明書、書類等の有効性を確認できること。 2．記載事項を解読し、確認できること。 3．質問事項について、正しく回答できること。
2−2	重量・重心位置等	1．試験に使用する航空機の重量、重心位置を計算させる。 （注）　計算には、搭載用グラフ又は計算器を使用させてもよい。 2．燃料及び滑油の搭載量及びその品質について確認させる。 3．所要の事項について質問する。	1．空虚重量、全備重量、搭載重量等の区分を正しく理解し、重量及び重心位置が許容範囲内にあることを確認できること。 2．燃料及び滑油の搭載量及びその品質について確認できること。 3．質問事項について、正しく回答できること。
2−3	航空情報・気象情報	1．　所要の航空情報を入手させ、飛行に関連のある事項について説明させる。 2．　所要の気象情報を入手させ、天気概況、飛行場及び使用空域の実況及び予報について説明させる。 3．　所要の事項について質問する。	1．航空情報を正しく理解できること。 2．天気図等を使用し、天気概況の説明が正しくできること。 3．各種の気象通報式の解読が正しくできること。 4．じょう乱及び凍結等飛行障害現象の存在を予測できること。 5．気象情報、航空情報を検討し、飛行の可否が判断できること。 6．質問事項について、正しく回答できること。

- 89 -

番 号	科 目	実 施 要 領	判 定 基 準
2－4	飛行前点検	1．外部点検及び内部点検を行わせる。 2．点検実施中、諸系統及び諸装置について質問する。 3．ＰＦ業務について判定する。 （注）　模擬飛行装置のみにより実技試験を行う場合は、実際に行うことができない作業については、口述で実施する。	1．点検個所及び操作の意味を正しく理解していること。 2．運航者が設定した方式及び手順に従って、各種の機器類を正しく、かつ、円滑に点検、設定できること。 3．質問事項について、正しく回答できること。

准定期運送用操縦士

番　号	科　目	実　施　要　領	判　定　基　準

3．空港等及び場周経路における運航

（目　的）
　　空港等及び場周経路における運航について判定する。

番　号	科　目	実　施　要　領	判　定　基　準
3－1	始動・試運転	1．発動機の始動及び試運転を行わせる。 2．ＰＦ及びＰＮＦ業務について判定する。	（知識） 　運用限界、制限事項等に関する知識を有し、その知識が運航に生かされていること。 （手順） 　運航者が設定した方式及び手順に従って正しく実施できること。 （操作） 　円滑、かつ、確実に実施できること。
3－2	地上滑走	1．地上滑走を行わせる。 2．ＰＦ及びＰＮＦ業務について判定する。	（知識） 　関連する運用限界、システム及び飛行場施設の知識を有し、その知識が運航に生かされていること。 （手順） 　運航者が設定した方式及び手順に従って正しく実施できること。 （操作） 　円滑な操作により、他機や障害物など周辺の状況を考慮した適切な速度で滑走できること。

- 91 -

番 号	科 目	実 施 要 領	判 定 基 準
3－3	場周飛行と後方乱気流の回避	1．所定の方式に従って場周経路を飛行させる。 2．ＰＦ業務について判定する。	（知識） 　後方乱気流の成因とその影響その他の場周飛行に関する知識を有し、その知識が運航に生かされていること。 （手順） 　運航者が設定した方式及び手順に従って正しく実施できること。 （操作） 　1．円滑で安定した操作により場周経路を正しく飛行できること。 　2．場周飛行における諸元は以下の範囲内であること。 　高度　：±100 ft 　速度　：±10 kt 　　　　　（Minimum maneuvering 　　　　　　speedが設定されている 　　　　　　場合は当該速度を下回ら 　　　　　　ないこと。） 　3．先行機との間隔を適切に設定できること。

准定期運送用操縦士

4．各種離陸及び着陸並びに着陸復行及び離陸中止

（目　的）
　　各種離陸及び着陸並びに着陸復行及び離陸中止について判定する。

番　号	科　目	実　施　要　領	判　定　基　準
4－1	通常離陸及び横風離陸	1．通常の離陸及び横風での離陸を行わせる。 2．ＰＦ及びＰＮＦ業務について判定する。	（知識） 　　離陸性能及び関連する運用限界等の知識を有し、その知識が運航に生かされていること。 （手順） 　　運航者が設定した方式及び手順に従って正しく実施できること。 （操作） 1．　速度は±5 kt以内の変化であること。ただし、設定した方式が上昇姿勢で指定される場合には、速度ではなく、その姿勢の維持が安定していること。 2．　V_2を下回らないこと。 3．　適切な横風修正ができること。 4．　円滑な操作であること。

番 号	科 目	実 施 要 領	判 定 基 準
4－2	通常着陸及び横風着陸	1．通常の着陸及び横風での着陸を行わせる。 2．ＰＦ及びＰＮＦ業務について判定する。	（知識） 　着陸性能及び関連する運用限界等の知識を有し、その知識が運航に生かされていること。 （手順） 　運航者が設定した方式及び手順に従って正しく実施できること。 （操作） 　1．所定の経路を正しく飛行できること。 　2．進入速度は基準速度に対し±5　kt以内の変化であること。 　3．円滑で安定した操作であること。 　4．接地点は、目標点標識進入末端（目標点標識がない場合はこれに相当する地点）又は運航者が定めた地点から進入方向に＋225/－75　mの範囲内であること。 　5．横滑り状態で接地しないこと。 　6．接地方向が偏位しないこと。 　7．接地後は正確に直線滑走できること。 （注）　　実機と模擬飛行装置を併用する場合は、返し操作以降については実機により判定する。

准定期運送用操縦士

番 号	科 目	実 施 要 領	判 定 基 準
4－3	着陸復行	1．着陸進入時に、滑走路末端標高から50ft以下で着陸復行を決意すべき状況又は試験官の指示を与え、着陸復行を行わせる。 2．PF及びPNF業務について判定する。	（知識） 　着陸復行及びシステムに関する知識を有し、その知識が運航に生かされていること。 （手順） 　運航者が設定した方式及び手順に従って正しく実施できること。 （操作） 　1．機を失せず着陸復行の操作が円滑に実施できること。 　2．速度は±5　kt以内の変化であること。ただし、設定した方式が上昇姿勢で指定される場合には、速度ではなく、その姿勢の維持が安定していること。 　3．適切な横風修正ができること。
4－4	離陸中止	1．離陸滑走時に、速度がV_1に達する前に1発動機を不作動とすることにより、離陸中止を行わせる。 2．PF及びPNF業務について判定する。	（知識） 　離陸性能、運用限界及びシステムその他の関連する知識を有し、その知識が運航に生かされていること。 （手順） 　運航者が設定した方式及び手順に従って正しく実施できること。 （操作） 　1．機を失せず離陸中止の操作が円滑にできること。 　2．停止までの間は、概ね滑走路の中心線上を保持できること。 　3．滑走路内で安全に停止できること。

5．基本的な計器による飛行

（目　的）
　　計器飛行の基本的な科目全般について判定する。

　（注）　計器飛行により行う。

番　号	科　目	実　施　要　領	判　定　基　準
5－1	基本操作	1．次の科目を行わせる。 　（1）　3分間以上の無線方 　　　位線上の飛行 　（2）500 ft以上の高度変 　　　更及び90度以上の針 　　　路変更を組み合わせ 　　　た飛行 2．ＰＦ業務について判定す 　る。 　（注）　フライトディレクタ 　　　ー等のガイダンスは 　　　使用しないこと。	（知識） 　計器飛行に関する知識を有し、その知 識が運航に生かされていること。 （手順） 　運航者が設定した方式及び手順に従 って正しく実施できること。 （操作） 　諸元は以下の範囲内であること。 高度　：　±100 ft 速度　：　±10 kt 針路　：　±10度（水平直線、停止時） 偏位　：ＣＤＩの左右1／2フルスケール 　　　　又はＲＭＩの±5度 　　　　（無線方位線上の飛行時）
5－2	異常な姿勢からの回復	1．異常な飛行姿勢としたの 　ち、水平直線飛行状態に回 　復させる。 2．ＰＦ業務について判定する。 　（注）1．　異常な飛行姿勢 　　　は、計器に対する注 　　　意の欠如、じょう乱 　　　又は不適切なトリ 　　　ムにより生ずるも 　　　のを模して行う。 　　　2．　機首上げ姿勢及 　　　び機首下げ姿勢に 　　　ついて実施する。	（知識） 　飛行中の錯覚に関する知識を有し、そ の知識が運航に生かされていること。 （手順） 　適正な手順により、円滑に回復操作が できること。 （操作） 1．運用限界速度を超過しないこと。 2．制限荷重倍数を超過しないこと。 3．失速させないこと

准定期運送用操縦士

6．空中操作及び型式の特性に応じた飛行

（目　的）
　　空中操作及び型式特性に対する操作について判定する。

　　（注）　計器飛行により行う。

番　号	科　目	実　施　要　領	判　定　基　準
6－1	失速と回復操作	1．次の形態において、初期失速及び回復操作を行わせる。 （1）　離陸形態における水平旋回飛行状態（傾斜角15〜20度） （2）　着陸形態における水平直線飛行状態 2．ＰＦ業務について判定する。	（知識） 　失速に関する知識を有し、その知識が運航に生かされていること。 （手順） 　運航者が設定した方式及び手順に従って実施できること。 （操作） 　1．機を失せず、安全に回復操作ができること。 　2．2次失速を起こさないこと。 　3．著しく不安定な姿勢とならないこと。 　4．左右の出力が不均衡にならないこと。
6－2	急旋回	1．傾斜角45度で左及び右の360度（ジェット機にあっては180度）旋回を連続して行わせる。 2．ＰＦ業務について判定する。	（手順） 　運航者が設定した方式及び手順に従って実施できること。 （操作） 　1．円滑で調和された操舵であること。 　2．諸元は以下の範囲内であること。 　　高度　：　±100 ft 　　速度　：　±10 kt 　　針路　：　±10度 　　　　　　　（旋回停止時及び切り返し時） 　　傾斜角　：　±5度
6－3	型式特性に対する操作	1．型式ごとに別途設定する。 2．操作の内容に応じＰＦ又はＰＮＦ業務について判定する。	型式ごとに別途設定する。

- 97 -

7．計器飛行方式による飛行

（目　的）
　　計器飛行方式による飛行方法及び計器飛行による各種操作について判定する。

番　号	科　目	実　施　要　領	判　定　基　準
7－1	離陸時の計器飛行への移行	1．所定の方式に従って飛行させる。 2．PF及びPNF業務について判定する。 （注）　離陸は雲高100 ftの想定で行う。	（知識） 　離陸性能及び関連する運用限界等の知識を有し、その知識が運航に生かされていること。 （手順） 　運航者が設定した方式及び手順に従って正しく実施できること。 （操作） 　1．計器飛行へ円滑に移行し安定した離陸を継続できること。 　2．速度は±5 kt以内の変化であること。ただし、設定した方式が上昇姿勢で指定される場合には、速度ではなく、その姿勢の維持が安定していること。 　3．V_2を下回らないこと。

准定期運送用操縦士

番　号	科　目	実　施　要　領	判　定　基　準
7－2	標準的な計器出発方式及び計器到着方式	1．所定の方式に従って飛行させる。 2．ＰＦ及びＰＮＦ業務について判定する。	（知識） 　出発方式、到着方式及びシステムに関する知識を有し、その知識が運航に生かされていること。 （手順） 　管制承認された方式、運航者の設定した方式及び手順に従って正しく実施できること。 （操作） 　1．航法装置等を適切に使用し、所定の方式に従って円滑に飛行できること。 　2．トラッキングを行う場合は、ＣＤＩフルスケールの左右1/2又はＲＭＩの±５度以内の変化であること。 　3．特定の針路で飛行する場合は、針路は±10度以内の変化であること。
7－3	待機方式	1．所定の方式に従って、待機経路を飛行させる。 2．ＰＦ及びＰＮＦ業務について判定する。	（知識） 　待機方式及びシステム等に関する知識を有し、その知識が運航に生かされていること。 （手順） 　管制承認された方式、運航者の設定した方式及び手順に従って正しく実施できること。 （操作） 　1．航法装置等を適切に使用できること。 　2．所定の方式に従って円滑に飛行できること。 　3．諸元は以下の範囲内であること。 　　高度　：　±100 ft 　　速度　：　±10 kt

番　号	科　目	実　施　要　領	判　定　基　準
7－4	計器進入方式	（精密進入） 1．所定の方式により、ILS進入を行わせる。 2．PF及びPNF業務について判定する。	（知識） 　精密進入方式、システム及び運航方式等に関する知識を有し、その知識が運航に生かされていること。 （手順） 　管制承認された方式、運航者の設定した方式及び手順に従って正しく実施できること。 （操作） 　1．所定の方式に従って円滑に飛行できること。 　2．最終進入以前の諸元は以下の範囲内であること。 　　高度　　：±100 ft 　　速度　　：±10 kt 　3．最終進入以降の諸元は以下の範囲内であること。 　　速度　　：±5 kt 　　ローカライザー　　：フルスケールの左右1/2 　　グライドスロープ　：フルスケールの上下1/2 　　ただし、滑走路末端標高500 ftから決心高までの間は、 　　速度　　：±5 kt 　　ローカライザー　　：フルスケールの左右1/4 　　グライドスロープ：フルスケールの上下1/2 　4．その他は（4－2）に同じ。ただし、1発動機不作動の場合は（10－2）に同じ。

准定期運送用操縦士

番　号	科　目	実　施　要　領	判　定　基　準
7－4 （続き）	計器進入方式	（非精密進入） 1．運航者の申請に基づき首席試験官が指定する非精密進入を所定の方式により行わせる。 2．直線進入及び周回進入を行う。 3．PF及びPNF業務について判定する。	（知識） 　非精密進入方式、システム及び運航方式等に関する知識を有し、その知識が運航に生かされていること。 （手順） 　管制承認された方式、運航者の設定した方式及び手順に従って正しく実施できること。 （操作） 1．所定の方式に従って円滑に飛行できること。 2．最終進入以前の諸元は以下の範囲内であること。 高度　：±100 ft 速度　：±10 kt 3．最終進入以降の諸元は以下の範囲内であること。 速度　：±5 kt 　　　　（Minimum maneuvering 　　　　speedが設定されている場合は当該速度を下回らないこと。） トラッキング　：CDIフルスケールの左右1/2又はRMIの±5度 4．(1) 直線進入を行う場合 　　　目視降下点又はこれに相当する地点までに適切な降下パスに会合できること。 　　(2) 周回進入を行う場合 　　　進入復行点までに最低降下高度に降下できること。 5．最低降下高度に到達後、水平飛行を行う場合の高度は、+50 /−20 ft以内の変化であること。 6．その他は（4－2）に同じ。ただし1発動機不作動の場合は（10－2）に同じ。

- 101 -

番 号	科 目	実 施 要 領	判 定 基 準
7－5	進入復行方式	1．計器飛行状態で所定の方式により進入復行を行わせる。 2．ＰＦ及びＰＮＦ業務について判定する。	（知識） 　進入復行方式及びシステム等に関する知識を有し、その知識が運航に生かされていること。 （手順） 　管制承認された方式、運航者の設定した方式及び手順に従って正しく実施できること。 （操作） 　1．機を失せず進入復行の操作が円滑に実施できること。 　2．航法装置等の使用が適切であること。 　3．速度は±5 kt以内の変化であること。ただし、設定した方式が上昇姿勢で指定される場合には、速度ではなく、その姿勢の維持が安定していること。 　4．特定の針路で飛行する場合は、針路は ±10度以内の変化であること。 　5．トラッキングを行う場合は、ＣＤＩフルスケールの左右1/2又はＲＭＩの±5度以内の変化であること。

准定期運送用操縦士

番　号	科　目	実　施　要　領	判　定　基　準
7－6	計器進入からの着陸	1．最低気象状件に概ね対応する区域内で計器進入からの着陸を行わせる。 2．ＰＦ及びＰＮＦ業務について判定する。	（知識） 　着陸性能及び関連する運用限界等の知識を有し、その知識が運航に生かされていること。 （手順） 　運航者が設定した方式及び手順に従って正しく実施できること。 （操作） 　1．計器飛行から目視飛行へ移行したのち安定した進入及び着陸ができること。 　2．周回進入中の諸元等は以下の範囲内であること。 　　高度　：＋50／−20 ft 　　　　　　（着陸のための降下開始までの間） 　　速度　：±10 kt 　　　　　　（Minimum maneuvering speedが設定されている場合は当該速度を下回らないこと。） 　　傾斜角：30 度以内 　　経路　：著しく広い経路とならないこと。 　3．その他は（4−2）に同じ。ただし、1発動機不作動の場合は（10−2）に同じ。

- 103 -

8．計器飛行方式による野外飛行
（目　的） 　　計器飛行方式による飛行計画及び野外飛行について判定する。

番　号	科　目	実　施　要　領	判　定　基　準
8－1	野外飛行計画	1．事前に作成された飛行計画を受験者に提示する。 2．気象情報、航空情報を入手させ、飛行計画について説明させる。 3．所要の事項について質問する。 4．PF業務について判定する。	1．飛行計画の記載事項について正確に理解していること。 2．適切な高度、経路及び代替空港等の選定基準を正確に理解していること。 3．必要な航法諸元や搭載燃料等の算出根拠を正確に理解していること。 4．無線航法図及び計器進入図について正確に理解していること。 5．離陸、着陸及び代替空港等における最低気象条件等の適用について正確に理解していること。 6．質問事項に正しく答えられること。

准定期運送用操縦士

番 号	科 目	実 施 要 領	判 定 基 準
8－2	飛行の実施	1．管制承認に従って飛行させる。 2．対地速度及び予定到着時刻等航法諸元を算出させる。 3．無線通信機の故障の状況を与え、その処置について説明させる。 4．PF及びPNF業務について判定する。 （注）　模擬飛行装置により実施する場合は、変化する状況を与えること。	（知識） 　運航方式に関する知識を有し、その知識が運航に生かされていること。 （手順） 　所定の方式及び手順に従って正しく実施できること。 （操作） 　1．　管制承認の受領、位置通報等が円滑、かつ、確実にできること。 　2．　所定の経路を正しく飛行できること。 　3．　所要の情報を入手し、有効に利用できること。 　4．　真対気速度、予定到着時刻を適時点検し、必要な場合速やかに訂正の通報ができること。 　5．　所要の航法記録が確実にできること。 　6．　航空保安施設を有効に利用できること。 　7．　気象状況等の変化に応じ適宜高度経路を変更できること。 　8．　巡航時の高度は±200 ft以内の変化であること。 　9．その他は「7．計器飛行方式による飛行」に同じ。
8－3	代替空港等への飛行	1．目的地に着陸できない状況を与え、代替空港等へ飛行する場合の手順、経路及び高度の選定等所要の事項について説明させる。 2．PF及びPNF業務について判定する。 （注）　模擬飛行装置により行う場合は、代替空港等へ向かう初期段階の手順まで実際に行わせる。	（知識） 　運航方式に関する知識を有し、その知識が運航に生かされていること。 （手順） 　所定の方式及び手順に従って正しく実施できること。 （操作） 　1．適切な経路及び高度を選定できること。 　2．目的空港等及び代替空港等の飛行方式並びに最低気象条件等を確認できること。

9．飛行全般にわたる通常時の操作

（目　的)
　　飛行全般にわたり航空機の通常操作について判定する。

番　号	科　目	実　施　要　領	判　定　基　準
9－1	通常操作	1．次の系統又は装置について、所定の手順を行わせる。 　（1）発動機、プロペラ 　（2）燃料系統 　（3）電気系統 　（4）油圧系統 　（5）与圧系統 　（6）防火設備 　（7）通信・航法装置 　（8）自動操縦系統 　（9）計器系統 　(10) 操縦系統 　(11) 防除氷装置 　(12) 非常装置、装備品 　(13) その他 2．ＰＦ及びＰＮＦ業務について判定する。	（知識) 　装備されたシステムとその使用方法に関する知識を有し、その知識が運航に生かされていること。 （手順) 　運航方針に従った手順が正しく実施できること。 （操作) 　適切かつ確実な操作が実施でき、必要に応じて代替措置がとれること。

- 106 -

准定期運送用操縦士

10．異常時及び緊急時の操作

（目　的）

　　緊急状態となった場合の操作手順及び判断力について判定する。

　（注）　１．実機のみにより実技試験を行う場合は、模擬することができない一部の科
　　　　　　　目については口述により行うことができる。
　　　　　２．（10－3）は、双発機については実施しない。

番　号	科　　目	実　施　要　領	判　定　基　準
10－1	離陸時の発動機故障及び上昇	１．V₁からV₂までの間で１発動機を不作動にして離陸させる。 ２．PF及びPNF業務について判定する。	（知識） 　離陸性能、関連する運用限界及びシステム等の知識を有し、その知識が運航に生かされていること。 （手順） 　運航者が設定した方式及び手順に従って正しく実施できること。 （操作） 　１．　速度は±10 kt以内の変化であること。ただし、設定した方式が上昇姿勢で指定される場合には、速度ではなく、その姿勢の維持が安定していること。 　２．V₂を下回らないこと。 　３．針路は±10度以内の変化であること。 　４．円滑な操作であること。

番 号	科 目	実 施 要 領	判 定 基 準
10－2	1発動機不作動時の着陸	1．1発動機を不作動にして進入及び着陸を行わせる。 2．ＰＦ及びＰＮＦ業務について判定する。	（知識） 　発動機不作動状態での性能、関連する運用限界及びシステム等の知識を有し、その知識が運航に生かされていること。 （手順） 　運航者が設定した方式及び手順に従って正しく実施できること。 （操作） 　1．所定の経路を正しく飛行できること。 　2．進入速度は±5 kt以内の変化であること。 　3．円滑で安定した操作であること。 　4．接地点は、目標点標識進入末端（目標点標識がない場合はこれに相当する地点）又は運航者が定めた地点から進入方向に＋225/－75mの範囲内であること。 　5．横滑り状態で接地しないこと。 　6．接地方向の偏位がないこと。 　7．接地後は正確に直線滑走できること。
10－3	50％発動機不作動時の着陸	1．3発動機を装備した型式機にあっては中央及び左右いずれか一方の発動機、4発動機を装備した型式機にあっては片側2発動機をそれぞれ不作動として進入及び着陸を行わせる。 2．ＰＦ及びＰＮＦ業務について判定する。	（10－2）に同じ。

准定期運送用操縦士

番 号	科 目	実 施 要 領	判 定 基 準
10－4	発動機の故障	1．計器飛行状態で予告なしに1発動機不作動の状況を与える。 2．ＰＦ及びＰＮＦ業務について判定する。	（知識） 　関連する運用限界及びシステム等の知識を有し、その知識が運航に生かされていること。 （手順） 　運航者が設定した方式及び手順に従って正しく実施できること。 （操作） 　1．　発動機の停止操作を完了するまでの間の諸元は以下の範囲内であること。 　　高度　：±100 ft 　　針路　：±20 度 　2．　停止操作完了後の諸元は以下の範囲内であること。 　　高度　：±100 ft 　　針路　：±10 度 　　速度　：1発動機不作動時の最良上昇率速度以上の安全な速度
10－5	諸系統又は諸装置の故障	1．次の中から選択した系統又は装置について、故障の状況を与え、所定の操作を行わせる。 　（1）発動機、プロペラ 　（2）燃料系統 　（3）電気系統 　（4）油圧系統 　（5）与圧系統 　（6）防火設備 　（7）通信・航法装置 　（8）自動操縦系統 　（9）計器系統 　（10）操縦系統 　（11）防除氷装置 　（12）非常装置、装備品 　（13）その他 2．ＰＦ及びＰＮＦ業務について判定する。	（知識） 　関連する運用限界及びシステム等の知識を有し、その知識が運航に生かされていること。 （手順） 　運航者が設定した方式及び手順に従って正しく実施できること。 （操作） 　円滑、かつ、適切な処置及び操作が実施できること。

- 109 -

番　号	科　目	実　施　要　領	判　定　基　準
10－6	緊急操作	1．次の中から選択した状況を与え、所定の操作を行わせる。 （1）飛行中の火災 （2）煙の制御 （3）室内の急減圧及び緊急降下 （4）緊急脱出 （5）その他 2．ＰＦ及びＰＮＦ業務について判定する。	（知識） 　関連する運用限界及びシステム等の知識を有し、その知識が運航に生かされていること。 （手順） 　運航者が設定した方式及び手順に従って正しく実施できること。 （操作） 　1．円滑、かつ、適切な処置及び操作が実施できること。 　2．発動機を停止する場合の諸元は（10－4）に同じ。

准定期運送用操縦士

11. 航空交通管制機関等との連絡

（目　的）
　　飛行全般にわたり航空交通管制機関等との連絡について判定する。

番　号	科　目	実　施　要　領	判　定　基　準
11－1	管制機関等との連絡	1．所定の方法により管制機関等と無線電話により交信し、必要な情報及び許可を受けさせる。 2．ＰＦ及びＰＮＦ業務について判定する。	1．所定の方法により円滑に情報を入手できること。 2．管制機関の指示に違反し又は必要な許可を受けないで運航しないこと。

- 111 -

12. 航空機乗組員間の連携

（目　的）
　　飛行全般にわたり乗員間の連携等について判定する。

番　号	科　目	実　施　要　領	判　定　基　準
12－1	乗員間の連携等	PFとして、他の乗組員と連携し必要な飛行作業を行わせる。	乗員間の連携等が適時緊密にできること。
12－2	飛行状況の確認	PNFとして、規定等に定められた飛行状況の確認及び運航方針に従った手順を行わせる。	1．スタンダード・コールアウトが正しく実施できること。 2．運航方針に従った手順が正しく実施できること
12－3	通常操作及び異常時・緊急時操作	PNFとしての所定の操作を行わせる。	運航方針に従って正しく、かつ、円滑に実施できること。

准定期運送用操縦士

13. 総合能力

（目　的）
　　実地試験の全般にわたり、規定類を遵守し、積極性を持ち、航空機及びその運航の状況を正しく認識するとともに、乗員間等の連携を保って業務を遂行できる准定期運送用操縦士としての総合能力について判定する。

番　号	科　目	判　定　要　領	判　定　基　準
13－1	計画・判断力	飛行全般にわたって、先見性をもって飛行を計画する能力及び変化する各種の状況下において適切に判断できる能力について判定する。	事後の操縦操作を予測して適切に飛行を継続するとともに、不測の事態に備え、予測される危険を回避できること。
13－2	状況認識	1．状況を認識し業務を管理する能力について判定する。 　2．状況認識性について判定する。	1．現在の状況を正しく認識し、適切に業務を遂行できること。 　2．積極性を持ち、状況を的確に認識できること。
13－3	協調性	乗員間及び地上職員との連携状況について判定する。	積極性を持ち、他の乗員等と協調して業務を遂行できること。
13－4	規則の遵守	運航に必要な規則、規定類の遵守について判定する。	積極性を持ち、規則、規定類を遵守できること。

- 113 -

3. 実技試験の一部を模擬飛行装置等を使用して行う場合における実機と模擬飛行装置等の使用区分

実技試験の一部を模擬飛行装置等を使用して行う場合の実機と模擬飛行装置等の使用区分は次のとおりとする。
ただし、実機による試験を行った後の科目であっても評価の対象とする。模擬飛行装置等は、模擬飛行装置等のみの科目で実施する。
また、試験官は、評価の正確性、模擬飛行装置等の性能等から必要と認めたときは、使用区分の一部を変更して行うことができる。

科　目	飛行訓練装置			模擬飛行装置			
	4	5	6	A	B	C	D
3　空港等及び飛行場周辺部における運航							
3－1　始動・試運転	S(注2)	S(注2)	S	S	S	S	S
3－2　地上滑走	—	—	S	S	S	S	S
3－3　場周飛行と各方式の回復	—	—	—	—	—	—	—
4　各種離陸及び上昇並びに離陸及び着陸復行並びに離陸中止							
4－1　通常離陸及び上昇	—	—	S	S	S	S	S
4－2　横風離陸及び横風上昇	—	—	S	S	S	S	S
4－3　離陸中止	—	—	S(注1)	—	—	—	—
4－4　着陸復行	—	—	S	S	S	S	S
5　基本的な計器による飛行							
5－1　基本計器飛行	—	—	S	S	S	S	S
5－2　異常姿勢からの回復	—	—	S	S	S	S	S
6　空中操作及び各方式の手順に応じた飛行							
6－1　失速及び回復操作	—	—	S	S	S	S	S
6－2　旋回	注5	注5	注5	注5	注5	注5	注5
6－3　設定された方式に対する飛行	—	—	S	S	S	S	S
7　計器飛行方式による飛行							
7－1　離陸時の計器飛行への移行	—	—	S(注1)	S	S	S	S
7－2　電波航法施設又は自蔵航法装置及び計器到達方式	—	—	S	S	S	S	S
7－3　待機方式	—	S	S	S	S	S	S
7－4　進入方式	—	—	S(注3)	S	S	S	S
7－5　進入復行方式	—	—	—	—	S(注4)	S(注4)	S(注4)
7－6　進入からの着陸	S(注2)	—	S	S	S	S	S
8　計器飛行方式による飛行以外の飛行							
8－1　野外飛行計画	—	—	S	S	S	S	S
8－2　飛行中の実施	—	—	S	S	S	S	S
8－3　代替飛行場への飛行	—	—	S	S	S	S	S
9　飛行全般にわたる通常時の操作							
9－1　通常操作	S(注2)	S(注2)	S(注2)	S	S	S	S
10　緊急操作及び指示							
10－1　緊急時の装備異常の認知及び上昇	—	—	S	S	S	S	S
10－2　1発動機不作動時の着陸	—	—	S	S	—	S	S
10－3　50%発動機不作動時の着陸	S(注2)	S	S(注3)	S	—	S	S
10－4から10－6までの科目	S(注2)	—	S	S	S	S	S
11　航空交通管制指示等との連絡							
11－1　管制指示等との連絡	—	S	S	S	S	S	S
12　航空無線機器の運用	S	S	S	S	S	S	S
13　総合能力	S	S	S	S	S	S	S
全科目	S	S	S	S	S	S	S

記号の意味

S：模擬飛行装置又は飛行訓練装置により行うことのできる科目
—：模擬飛行装置又は飛行訓練装置により行うことのできない科目

注1：適切なビジュアルシステムを有するものに限る。
注2：適切に装備されたものに限る。
注3：1発動機不作動時の着陸は実機により行う。
注4：周回進入からの着陸は実機により行う。
注5：当該操作の内容により異なるため、型式ごとに定める。

備　考

准定期運送用操縦士

4．実地試験成績報告書
　実地試験成績報告書の様式は次のとおりとする。

実地試験成績報告書

(操縦に２人を要する飛行機及び型式限定変更)

	総合判定

① 受 験 者 調 書			

ふりがな			生年月日		
氏　　名		印	・　　　年　　　月　　　日		

受験する資格	試験の種類	技能証明及び計器飛行証明番号
□　定期運送用操縦士 □　事業用操縦士 □　自家用操縦士 □　准定期運送用操縦士	□　技能証明 □　限定変更	＿＿＿＿＿＿＿＿　No. ＿＿＿＿＿ ＿＿＿＿＿＿＿＿　No. ＿＿＿＿＿ 操縦練習許可書番号 No. ＿＿＿＿＿

試 験 に 使 用 す る 航 空 機		
等　　　級	航 空 機 型 式	国籍記号及び登録記号
□　陸上多発機 □　水上多発機	式　　　　　　型	
連　絡　先 （会社団体等）	電話番号	
学科試験合格	年　　　月　　　日　　　受験地	

飛行経歴				
総飛行時間	時間　　　分	（操縦関係）	時間　　　分	
受験する型式と同じ型式の飛行機の飛行時間	（模擬飛行装置等）	時間　　　分		
	（　実　機　）	時間　　　分		

② 教 官 の 証 明

受験者は申請資格に係る模擬飛行装置等による所定の技能を有していることを証明します。

　　　　　　　　年　　　月　　　日　　　　教官署名

受験者は申請資格に係る所定の技能を有していることを証明します。

　教官の有する技能証明の資格と番号＿＿＿＿＿＿＿＿　操縦士　No. ＿＿＿＿＿＿＿.

　　　　　　　　　　　　　　　　　　　　操縦教育証明　No. ＿＿＿＿＿＿＿.

　　　　　　　　年　　　月　　　日　　　　教官署名

③ 試 験 の 実 施	
No.1：　模擬飛行装置等	No.2：　模擬飛行装置等　／　実機
実施日　　年　月　日　受験地	実施日　　年　月　日　受験地
試験官　　　　　　　　　　印	試験官　　　　　　　　　　印
特記事項	特記事項

1．受験者は、①受験者調書欄に所要事項を記入又はレ印を付すこと。
2．教官は、②教官の証明欄に所要事項を記入のうえ、試験官に提出すること。
3．氏名を記載し、押印することに代えて、署名することができる。

准定期運送用操縦士

有効性の確認	項　　目	確認
	技能証明書等・無線従事者免許証・飛行経歴	

成　績　表
（准定期運送用操縦士技能証明）

試　験　科　目		判　定		試　験　科　目		判　定	
		No.1	No.2			No.1	No.2
口述試験				9．飛行全般にわたる通常時の操作			
1．運航に必要な知識				9－1　通常操作			
1－1　一般知識				10．異常時及び緊急時の操作			
1－2　一般的な航空機事項				10－1　離陸時の発動機故障及び上昇			
1－3　当該型式に関する航空機事項				10－2　1発動機不作動時の着陸			
実技試験				10－3　50%発動機不作動時の着陸			
2．飛行前作業				10－4　発動機の故障			
2－1　証明書・書類				10－5	1．発動機、プロペラ		
2－2　重量・重心位置等					2．燃料系統		
2－3　航空情報・気象情報					3．電気系統		
2－4　飛行前点検					4．油圧系統		
3．空港等及び場周経路における運航				諸系統又は装置の故障	5．与圧系統		
3－1　始動・試運転					6．防火設備		
3－2　地上滑走					7．通信・航法装置		
3－3　場周飛行と後方乱気流の回避					8．自動操縦系統		
4．各種離陸及び着陸並びに着陸復行及び離陸中止					9．計器系統		
4－1　通常離陸及び横風離陸					10．操縦系統		
4－2　通常着陸及び横風着陸					11．防除氷装置		
4－3　着陸復行					12．非常装置、装備品		
4－4　離陸中止					13．その他		
5．基本的な計器による飛行				10－6	1．飛行中の火災		
5－1　基本操作					2．煙の制御		
5－2　異常な姿勢からの回復				緊急操作	3．室内の急減圧及び緊急降下		
6．空中操作及び型式の特性に応じた飛行					4．緊急脱出		
6－1　失速と回復操作					5．その他		
6－2　急旋回				11．航空交通管制機関等との連絡			
6－3　型式特性に対する操作				11－1　管制機関等との連絡			
7．計器飛行方式による飛行				12．航空機乗組員間の連携			
7－1　離陸時の計器飛行への移行				12－1　乗員間の連携等			
7－2　標準的な計器出発方式及び計器到着方式				12－2　飛行状況の確認			
				12－3　通常操作及び異常時・緊急時操作			
7－3　待機方式				13．総合能力			
7－4　計器進入方式	精密進入			13－1　計画・判断力			
	非精密進入			13－2　状況認識			
7－5　進入復行方式				13－3　協調性			
7－6　計器進入からの着陸	直線進入			13－4　規則の遵守			
	周回進入						
8．計器飛行方式による野外飛行							
8－1　野外飛行計画							
8－2　飛行の実施							
8－3　代替空港等への飛行							

- 117 -

附　則（平成 24 年 3 月 28 日付け国空航第 825 号）
1．本通達は、平成 24 年 4 月 1 日から施行する。

附　則（平成 27 年 11 月 28 日付け国空航第 689 号）
1．本通達は、平成 27 年 11 月 28 日から施行する。

附　則（平成 28 年 4 月 8 日付け国空航第 3417 号）
1．本通達は、平成 28 年 8 月 1 日から施行する。
2．本通達は、施行の日から平成 29 年 3 月 31 日までは、従前どおりとすることが
　できる。

空乗第２０３９号
平成10年３月20日
一部改正国空乗第２２２７号
平成13年２月28日
一部改正国空乗第２号
平成16年４月19日
一部改正国空乗第６０号
平成20年５月16日
一部改正国空航第５５５号
平成25年11月８日

操縦士実地試験実施細則

事業用操縦士

（１人で操縦できる飛行機）

国土交通省航空局安全部運航安全課

事業用（1人）

Ⅰ．一般

1．1人で操縦できる飛行機に係る事業用操縦士の実地試験を行う場合は、操縦士実地試験実施基準及びこの細則によるものとする。

2．実技試験における横風離着陸、後方乱気流の回避等の科目であって、気象状態、飛行状態等によりその環境を設定できない場合は、当該科目を実施する場合の操作要領、留意事項等について口述による試験を行うことにより実技試験に代えることができる。なお、「Ⅱ－2．実技試験」及び「Ⅲ－2．実技試験」の実施要領に「口述」とあるのは運航中、状況を模擬に設定し、その処置を口頭により説明させ又は模擬操作を行わせることを意味する。

3．発動機を模擬不作動として行う科目を飛行訓練装置を使用して実施する場合は、完全な不作動状態で行わせる。

4．ＩＬＳ進入における決心高度は、原則として接地帯標高に200フィートを加えた高さとする。

5．試験官が必要と認めた場合であって、管制機関の承認を受けた場合は、公示された進入方式及び進入復行方式以外の方式により飛行することができる。

6．フードの使用は、次のとおりとする。

　6－1　フードの要件

　　6－1－1　着脱が容易であること。

　　6－1－2　試験実施中、装着状態が不安定とならないこと。

　　6－1－3　前方の地平線及び進入目標が完全に遮蔽された状態となること。

　　6－1－4　教官席からの視界を妨げないものであること。

　6－2　フードの使用を終了すべき時期

　　　　ＩＬＳ進入に続いて進入復行を実施した場合は、航空機が進入復行方式において定められている旋回開始高度及び対地高度500フィートのうち、いずれか低い高度に達したとき。

7．試験官が必要と認めた場合は、野外飛行の一部の区間に限り、自動操縦装置、自動出力制御装置等を使用して飛行させることができる。

8．実技試験科目の一部を飛行訓練装置により実施する場合には、当該試験のプロファイル（気象状態の設定を含む。）を事前に首席航空従事者試験官（地方局担当の試験にあっては先任航空従事者試験官）に示し了承を得るものとする。

Ⅱ．技能証明実地試験

Ⅱ－1．口述試験

口述試験において行うべき科目の実施要領及び判定基準は、次表のとおりとする。

1．運航に必要な知識

（目　　的）

　　運航に必要な一般知識及び試験に使用する航空機の性能、運用限界等に関する知識について判定する。

（注）准定期運送用操縦士の技能証明を有する者は（1－1）を行わない。

番　号	科　目	実　施　要　領	判　定　基　準
1－1	一般知識	次の事項について質問し、答えさせる。 1．有視界飛行方式に関する諸規則 2．航空交通管制方式 3．航空保安施設の特性と利用法 4．捜索救難に関する規則 5．人間の能力及び限界に関する事項 6．その他運航に必要な事項（救急用具の取扱いを含む。）	質問事項に正しく答えられること。
1－2	航空機事項	試験に使用する航空機について次の事項を質問し、答えさせる。 1．性能、諸元、運用限界等 2．諸系統及び諸装置 　　次の中から少なくとも3系統について質問を行う。（故障した場合の処置を含む。） 　(1)　操縦系統 　(2)　着陸装置 　(3)　発動機 　(4)　燃料・滑油・ハイドロ系統 　(5)　電気系統 　(6)　航法装置 　(7)　ピトー・スタティック系統 　(8)　防除氷装置 　(9)　与圧装置（装備している場合に限る。） 3．スピンの回避要領 4．その他必要な事項	質問事項に正しく答えられること。

- 122 -

事業用（1人）

Ⅱ－2．実技試験

実技試験において行うべき科目の実施要領及び判定基準は、次表のとおりとする。

2．飛行前作業

（目　的）
　　飛行前に機長が行うべき確認事項の実施について判定する。

番　号	科　目	実　施　要　領	判　定　基　準
2－1	証明書・書類	1．航空機登録証明書、耐空証明書、運用限界等指定書等必要な書類の有効性を確認させる。 2．航空日誌等により航空機の整備状況を確認させる。	1．必要な証明書、書類等の有効性を確認できること。 2．航空日誌等の記載事項を解読でき、必要な事項を確認できること。
2－2	重量・重心位置等	1．試験に使用する航空機の重量及び重心位置を計算させ、質問に答えさせる。 2．燃料及び滑油の搭載及びその品質について確認させ、質問に答えさせる。 （注）計算には、搭載用グラフ又は計算機を使用させることができる。	1．空虚重量、全備重量、搭載重量等の区分を正しく理解し、重量及び重心位置が許容範囲内にあることを確認できること。 2．燃料及び滑油の搭載量及びその品質について確認できること。 3．質問事項に正しく答えられること。
2－3	航空情報・気象情報	1．必要な航空情報を入手させ、飛行に関連のある事項について説明させ、質問に答えさせる。 2．必要な気象情報を入手させ、天気概況、空港等及び使用空域の実況及び予報について説明させ、質問に答えさせる。	1．航空情報を正しく理解できること。 2．天気図等を使用し、天気概況を正しく説明できること。 3．各種の気象通報式の解読が正しくできること。 4．航空情報、気象情報を総合的に検討し、飛行の可否が判断できること。 5．質問事項に正しく答えられること。
2－4	飛行前点検	1．航空機の外部点検及び内部点検を行わせる。 2．点検中、諸系統及び諸装置について質問に答えさせる。	1．飛行規程等に定められた点検が正しくできること。 2．点検中、積載物を含め安全に対する配慮がなされていること。 3．質問事項に正しく答えられること。

3．空港等及び場周経路における運航

（目　的）
　　空港等及び場周経路における運航について判定する。

番　号	科　目	実　施　要　領	判　定　基　準
3－1	始動・試運転	始動及び試運転を行わせる。	1．チェックリストの使用を含む、飛行規程等に定められた手順のとおり始動及び試運転が正しく実施でき、出発前の確認を完了できること。 2．制限事項を厳守できること。
3－2	地上滑走（水上滑走）	1．管制機関等の指示又は許可に基づいて地上滑走を行わせる。 2．水上機の場合は、次の項目を行わせる。 　(1) 追い風、横風中の滑走 　(2) 風下側への旋回、漂流及びブイ埠頭へのドッキング	1．他機や障害物など周辺の状況を考慮し、適切な速度及び出力で滑走できること。 2．他機(特に大型機)の後方を通過する場合に、安全に対する配慮を行えること。 3．水上機の場合 　　風、潮流を考慮して適正な経路が選定でき、正しく滑走、漂流、ドッキングができること。
3－3	場周飛行及び後方乱気流の回避	所定の方式に従って場周経路を飛行させる。	1．場周経路を先行機と適切な間隔を設定して正しく飛行できること。 2．飛行中の諸元は、 　高度は±100フィート 　速度は±10ノット 　以内の変化であること。

- 124 -

事業用（１人）

番　号	科　目	実　施　要　領	判　定　基　準

4．各種離陸及び着陸並びに着陸復行及び離陸中止

（目　的）
　　各種離陸（離水）及び着陸（着水）並びに着陸（着水）復行及び離陸中止について判定する。

（注）多発機は（４－５）を行わない。

番　号	科　目	実　施　要　領	判　定　基　準
４－１	通常及び横風中の離陸（離水）上昇	1．所定の方式により通常の離陸及び横風中の離陸を行わせる。 2．水上機の場合は、向かい風及び軽微な横風中の離水のほか、可能ならばうねりのある水面からの離水を行わせる。	1．横風を修正し、滑走路の中心線及び延長線上を安定して離陸、上昇できること。 2．上昇速度は±５ノット以内の変化であること。
４－２	通常及び横風中の進入・着陸（着水）	1．所定の方式により通常の進入着陸（着水）及び横風中の進入着陸（着水）を行わせる。 2．最終進入速度は所定の形態における失速速度の1.3倍か、製造者が設定した速度とする。	1．所定の経路を安定して進入できること。 2．突風成分を修正した進入速度を設定できること。 3．進入速度は±５ノット以内の変化であること。 4．滑走路中心線上の、指定された接地点から60メートルを越えない範囲に正しい姿勢で接地できること。 5．横滑り状態で接地（接水）したり、接地（接水）後著しく方向を偏位させないこと。
４－３	短距離離陸	1．製造者の定めたフラップ角を使用させる。 2．離陸滑走中、最良上昇角速度に達すると同時に浮揚させる。 3．対地高度200フィートまで最良上昇角速度を維持した後、通常の上昇を行わせる。	（４－１）に同じ。
４－４	短距離着陸	1．パワーを使用し通常よりやや大きい一定の降下角で進入させる。 2．操縦可能な最少速度で接地させる。 3．製造者の定めた方法により効果的に制動し停止させる。	1．所定の降下経路を進入できること。 2．最短距離で着陸停止できること。 3．その他（４－２）に同じ。

- 125 -

番　号	科　目	実　施　要　領	判　定　基　準
4－5	制限地着陸	ダウンウインドレグを飛行中、接地点の真横でパワーをオフとして進入し、着陸させる。 （注）1．（9－1）のうち（単発機）4．と組み合わせて行うことができる。 　　　2．降下角の修正のため緩徐な横滑りを行うことができる。	1．指定された接地点から60メートルを越えない範囲に接地すること。 2．その他（4－2）に同じ。
4－6	着陸（着水）復行	通常の着陸進入中、対地高度50フィート以下で着陸（着水）復行を指示し着陸（着水）復行を行わせる。	1．機を失せず、適切な速度及び姿勢を維持して、復行操作ができること。 2．横風を修正し、滑走路の中心線及び延長線上を安定して上昇できること。 3．上昇速度は±5ノット以内の変化であること。
4－7	離陸中止	離陸中、航空機の浮揚前に発動機が不作動になった場合を想定し離陸を中止させる。 （注）飛行訓練装置を使用する場合を除き口述で行う。	（実機） 　質問事項に正しく答えられること。 （飛行訓練装置） 1．機を失せず、直進性を保持しながら円滑に離陸中止の操作ができること。 2．滑走路内で安全に停止できること。

- 126 -

事業用（1人）

5．基本的な計器による飛行

5－1．基本的な計器による飛行

（目　的）
　　　視程不良時の緊急状態を想定した各種操作について判定する。

（注）1．計器飛行証明を有する者及び准定期運送用操縦士の技能証明を有する者
　　　　　は行わない。
　　　2．自家用操縦士の技能証明を有する者は（5－1－2）及び（5－1－　3）
　　　　　を行わない。
　　　3．異なる種類の航空機に係る操縦士の技能証明（滑空機を除く。）を有す
　　　　　る者は（5－1－2）を行わない。

番　号	科　目	実　施　要　領	判　定　基　準
5－1－1	基本操作	巡航形態で次の順序により一連の科目を連続して行わせる。 1．1分間の水平直線飛行 2．右又は左の180度水平旋回 3．左又は右の180度上昇旋回で500フィート上昇したのち右又は左の180度降下旋回で500フィート降下 （注）気象状態等により必要と認められる場合は、科目の順序を変更することができる。	飛行中の諸元は、 高度は±100フィート 速度は±10ノット 針路は±10度 以内の変化であること。
5－1－2	レーダー誘導による飛行	機位が不明となり、レーダー誘導により空港等に帰投する想定で、次の飛行を行わせる。 1．受験者に機位が不明となった状況を与える。 2．受験者は試験官にレーダー誘導を要求する。 3．500フィート以上の高度変更及び90度以上の針路変更を組み合わせた指示を1回以上行う。 4．受験者は試験官の指示を復唱し、その指示に従って飛行する。	1．所定の方式により、レーダー誘導の要求が円滑にできること。 2．誘導の指示を正しく理解し、対応した操作が円滑にできること。 3．飛行中の諸元は、 　高度は±100フィート 　速度は±10ノット 　針路は±10度 以内の変化であること。

番　号	科　目	実　施　要　領	判　定　基　準
5－1 －3	異常な姿勢からの回復	航空機を異常な飛行姿勢とし たのち、受験者に水平直線飛行状 態に戻させる。 （注）異常な飛行姿勢は、計器 　　　に対する注意の欠如、じょ 　　　う乱又は不適切なトリムに 　　　より生ずるものを模して行 　　　う。	1．適正な手順により、円滑に回復 　操作ができること。 2．運用限界を超えないこと。 3．失速させないこと。

事業用（1人）

5－2．計器飛行方式による飛行

（目　的）
　　計器飛行による操作について判定する。

（注）計器飛行証明を有し、単発機のみの限定を有する者が多発機で受験する場合に
　　　行う。

番　号	科　目	実　施　要　領	判　定　基　準
5－2 －1	進入復行方式	所定の方式により1発動機模擬不作動状態でILS進入を行い、決心高度において外部視認不可能な状況を想定して進入復行を行わせる。 （注）（9－1）のうち（計器飛行証明を有し多発機で受験する場合）と組み合わせて行うことができる。	1．決心高度で速やかに復行操作を開始し、所定の方式に従って飛行できること。 2．直線上昇中、航跡は概ねローカライザーの延長線上にあること。 3．速度は1発動機不作動時の最良上昇率速度から±5ノット以内の変化であること。

- 129 -

6．外部視認目標を利用した飛行を含む空中操作及び型式の特性に応じた飛行

（目　的）
　　飛行姿勢、速度、出力の変化を伴う各種操作及び型式固有の特性に応じた操作
について判定する。

（注）多発機は、（6－4）を行わない。

番　号	科　目	実　施　要　領	判　定　基　準
6－1	低速飛行	操縦可能な最小速度で、水平直線飛行、右又は左の90度上昇旋回及び左又は右の90度降下旋回を巡航形態で行わせる。	飛行中の諸元は 高度は±50フィート 速度は＋10ノット 　　　－5ノット 針路は±10度 以内の変化であること。
6－2	失速と回復操作	失速とその回復操作を次の2種類行わせる。 1．進入形態によるパワーオンでの旋回飛行中の初期失速 2．着陸形態によるパワーオフでの直線飛行中の完全な失速	1．失速の兆候を察知し、機を失せず的確な回復操作ができること。 2．2次失速を起こさないこと。 3．著しく不安定な姿勢とならないこと。 4．多発機においては、左右の出力が不均衡にならないこと。
6－3	急旋回	1．傾斜角は少なくとも50度で360度旋回を左右連続して行わせる。 2．高度、速度を維持するよう出力を調整させる。	1．円滑で調和された操舵であること。 2．飛行中の諸元は、 高度は±100フィート 速度は±10ノット 針路は±10度（旋回停止時、切り返し時） 以内の変化であること。

事業用（1人）

番　号	科　目	実　施　要　領	判　定　基　準
6－4	螺旋降下	1．地上目標を中心とし、航跡が正円となるよう適宜傾斜角を修正しながら急な螺旋降下（最大傾斜角55度）をパワーオフで行わせる。 2．風下に向かって科目を開始するものとし、左又は右の720度以上の旋回を行わせる。 （注）　1．旋回中、地上目標を視認できない航空機は一定の傾斜角（最低45度）で行う。 　　　　2．発動機の過冷防止等のため必要な場合は、出力を増加してもよい。 　　　　3．旋回終了前に最低降下高度に到達した場合は、高度を維持したまま所定の旋回を続ける。	1．風を考慮し、地上航跡と中心目標との距離を一定に保つことができること。 2．安全な高度で科目を終了できること。 3．速度は±10ノット以内の変化であること。
6－5	型式特性に応じた飛行	型式ごとに別途設定する。	型式の特性に応じた正しい操作ができること。

7．野外飛行			

（目　的）
　　有視界飛行方式による野外飛行計画の作成及び野外飛行について判定する。

（注）異なる種類の航空機（滑空機を除く。）において事業用操縦士以上の技能証明
　　を有する者は行わない。

番　号	科　目	実　施　要　領	判　定　基　準
7－1	野外飛行計画	1．巡航速度で2時間以上の航程とし、経路途中の空港等で1回の離着陸を含む野外飛行計画を作成させる。なお、少なくとも1経路については無線方位線上の飛行が可能な経路を指定する。 2．受験者は、気象情報、航空情報を入手のうえ、次により野外飛行計画を作成する。 　（1）航空図へ経路を記入し、方位・距離の測定、確認点の選定等を行う。 　（2）針路、対地速度、予定飛行時間、必要燃料等の航法諸元を算出する。 3．受験者が作成した野外飛行計画を点検し、必要な事項について質問に答えさせる。	1．正確な野外飛行計画を30分以内に作成できること。 2．気象情報、航空情報を正確に把握できること。 3．航法諸元を正確に算出できること。 4．飛行経路周辺の障害物、不時着場、制限区域等について十分配慮されていること。 5．質問事項に正しく答えられること。

事業用（1人）

番 号	科 目	実 施 要 領	判 定 基 準
7－2	野外飛行	次により野外飛行を行わせる。 1．受験者が作成した野外飛行計画に基づき飛行を開始させる。 2．修正針路が確定し、最初の着陸地又は変針点の予定到着時刻が確定するまでは、当初の計画に従って飛行させる。 3．少なくとも1回、風の算出及び無線方位線上の飛行を行わせる。 4．少なくとも1経路については無線施設を利用しないで予定の経路を飛行させる。	1．地点標定を正確に行い、予定経路の2海里以内を飛行できること。（地点標定ができない場合を除く。） 2．風の算出、無線方位線上の飛行が正しくできること。 3．飛行中必要な情報を入手し、有効に利用できること。 4．管制機関と円滑に連絡できること。 5．航法諸元を円滑に算出できること。 6．無線施設を有効に利用できること。 7．気象の変化に対応できること。 8．変針点又は目的地への到着時刻の誤差は、各経路における最初の確認点で算出した予定到着時刻の±3分以内であること。 9．巡航中の諸元は、 　高度は±200フィート 　針路は±10度 　以内の変化であること。 10．安全かつ効率的な野外飛行が行えること。
7－3	代替空港等への飛行	状況を設定し、代替空港等へ変針させる。 （注）1．無線施設のみにより飛行させないこと。 　　　2．代替空港等へ飛行するための針路及び予定到着時刻の算出が終了し、代替空港等へ確実に到着できると判断した段階で、この科目を終了してもよい。	1．適切な代替空港等を選定できること。 2．概略の針路と予定到着時刻を円滑に算出できること。 3．無線施設を有効に利用できること。 4．代替空港等の諸元を正しく把握できること。

- 133 -

8．飛行全般にわたる通常時の操作

（目　的）
　　飛行全般にわたり航空機の通常操作について判定する。

番　号	科　目	実　施　要　領	判　定　基　準
8－1	通常操作	規程等に定められた手順等に従って通常操作を行わせる。	規程等に従った操作が正しくできること。

事業用（1人）

9．異常時及び緊急時の操作

（目　的)
　　緊急状態となった場合の操作手順及び判断力について判定する。

（注)1.計器飛行証明を有し、単発機のみの限定を有する者が多発機で受験する場合、
　　　　（9－1）のうち（計器飛行証明を有し多発機で受験する場合）は模擬計器
　　　　飛行により行う。
　　　2．単発機は、（9－4）以降を行わない。

番　号	科　目	実　施　要　領	判　定　基　準
9－1	発動機の故障	（単発機) 1．飛行中、予告なしに発動機を模擬不作動状態とする。 2．所定の手順により、発動機の模擬再始動を行い、再始動に失敗した想定のもとに適宜不時着場を選定し進入させる。 3．空港等以外の場所でこの科目を行う場合は、最低安全高度まで進入させ、不時着の成否を判定し科目を終了する。 4．空港等を不時着場に選定した場合は、模擬再始動の操作は省略させてもよい。 （注）（4－5）と組み合わせて行うことができる。	1．安全かつ円滑に再始動操作ができること。 2．最良滑空速度または最小沈下速度を維持し適切な不時着場を選定できること。 3．フラップ、脚を使用して適正な降下角で進入できること。 4．管制機関との連絡が円滑にできること（模擬により試験官に行う。）。 5．誤操作等により他の緊急事態を誘発させないこと。

- 135 -

番　号	科　目	実　施　要　領	判　定　基　準
9－1 続き		（多発機） 1．飛行中、予告なしに1発動機を模擬不作動状態とする。 2．再始動を試みたが再始動出来ない状況あるいは、再始動しない決定がなされた状況を与える。 3．1発動機模擬不作動状態（ゼロスラスト）として水平直線飛行、傾斜角20度～30度での左右90度旋回及び指定高度への上昇、降下を行わせる。 4．1発動機模擬不作動状態で次の操作を行わせる。 　（1）脚下げ 　（2）フラップ下げ 　（3）キャブレターヒーターの　　　使用	1．1発動機模擬不作動の状況を与えてから、発動機の模擬停止操作を完了するまでの諸元は、高度は±100フィート針路は±10度以内の変化であること。 2．飛行中の諸元は、高度は±100フィート速度は1発動機不作動時の最良上昇率速度から±5ノット針路は±10度以内の変化であること。 3．不安定な姿勢にならないこと。
		（計器飛行証明を有し多発機で受験する場合） 1．飛行中、予告なしに1発動機を模擬不作動状態とする。 2．再始動を試みたが再始動出来ない状況あるいは、再始動しない決定がなされた状況を与える。 3．1発動機模擬不作動状態（ゼロスラスト）として直線飛行、傾斜角20度～30度で指定針路への左又は右旋回及び指定高度への上昇又は降下を行わせる。 4．1発動機模擬不作動状態で次の操作を行わせる。 　（1）脚下げ 　（2）フラップ下げ 　（3）キャブレターヒーターの　　　使用 　（注）（5－2－1）と組み合　　　わせて行うことができる。	1．1発動機模擬不作動の状況を与えてから、発動機の模擬停止操作を完了するまでの諸元は、高度は±100フィート針路は±20度以内の変化であること。 2．飛行中の諸元は、高度は±100フィート針路は±10度以内の変化であること。速度は1発動機不作動時の最良上昇率速度以上の安全な速度であること。 3．不安定な姿勢にならないこと。

事業用（1人）

番号	科目	実 施 要 領	判 定 基 準
9－2	諸系統又は装置の故障	次の系統又は装置のうち、3系統以上について故障時の操作を行わせる。 1．操縦系統 2．着陸装置 3．発動機 4．燃料・滑油・ハイドロ系統 5．電気系統 6．航法装置 7．ピトー・スタティック系統 8．防除氷装置 9．与圧装置（装備している場合に限る。） 10．その他（火災・煙の制御を含む。） （注）口述により行うことができる。	緊急事態の内容を的確に判断し、チェックリストの使用を含む、所定の手順が正しくできること。
9－3	離陸中の発動機故障	（単発機） 1．離陸直後に発動機故障になった場合の想定を与える。 2．　対地高度500フィート未満で行う場合には口述により処置を確認し、それ以上の高度では降下姿勢の確立及び不時着場の選定を行わせる。	1．円滑に、安全な降下姿勢を確立できること。 2．適切な不時着場を選定できること。 3．離陸中の発動機故障の処置について正しく理解していること。

番　号	科　目	実　施　要　領	判　定　基　準
9－3 続き		（多発機） 　飛行機の性能、滑走路の長さと路面の状態、風向・風速及び安全性に影響のある他の要素を考慮し、次により少なくとも1回は離陸中の1発動機故障に対応した操作を行わせる。 （注）　必要な場合に備えて、発動機は模擬不作動とするが、その他についてはできるだけ実際に発動機が停止した場合の状況を設定する。 1．1発動機を模擬不作動としたときの速度が1発動機不作動時の最良上昇角速度未満であれば1発動機不作動時の最良上昇角速度に増速して離陸を継続し、障害物を越えた後、1発動機不作動時の最良上昇率速度に増速して上昇させる。 2．1発動機を模擬不作動としたときの速度が1発動機不作動時の最良上昇角速度以上であればその速度で離陸を継続し、障害物を越えた後、1発動機不作動時の最良上昇率速度に増速して上昇させる。	1．離陸継続の判断、操作が迅速かつ的確にできること。 2．上昇飛行中の諸元は、 　速度は±5ノット 　針路は±10度 　以内の変化であること。 3．不安定な姿勢にならないこと。
9－4	着陸　1発動機不作動時の進入・	1発動機を、次により模擬不作動状態として進入し、着陸させる。 1．フェザリングプロペラを装備している場合はプロペラがフェザーとなった場合と同等の抵抗となるよう出力を設定する。 2．フェザリングプロペラを装備していない場合は発動機を緩速状態とする。	1．引起し開始前にV_{MC}未満の速度としないこと。 2．過度に滑らせないこと。 3．その他（4－2）に同じ。

- 138 -

事業用（1人）

番　号	科　目	実　施　要　領	判　定　基　準
9－5	V_{MC}による飛行	1．V_{SSE}より10ノット以上多い速度までに脚上げ、フラップ離陸位置及び、臨界発動機を模擬不作動、他の作動発動機を離陸又は上昇出力とした上昇姿勢を確立させる。 2．機首上げにより、1秒に1ノット程度の減速率でV_{MC}近くまで徐々に速度を減じ、方向操縦性が失われていく過程での操縦を行わせる。 3．方向保持が不可能となる直前に機首を下げながら作動発動機側出力を必要量だけ徐々に減ずることにより回復操作を行わせる。 （注）　1．V_{MC}より失速速度が大きい場合は失速の兆候が起こる前に回復操作を開始する。 　　　2．回復操作は模擬不作動発動機の出力を増すことによって行ってはならない。 　　　3．高度に余裕をもって行う。	1．方向操縦性が失われていく過程で、ラダー操作と作動発動機側への5度以内の傾斜角により方向保持ができること。 2．方向操縦性が完全に失われる前に、適切な回復操作ができること。

10. 航空交通管制機関等との連絡

（目　的）
　　航空交通管制機関等との連絡について判定する。

番　号	科　目	実　施　要　領	判　定　基　準
10－1	管制機関等との連絡	所定の方法により管制機関等と無線電話により交信し、必要な情報及び許可を受けさせる。	1．ATC用語を正しく理解し、使用できること。 2．所定の方法により円滑に交信でき、必要な情報及び許可を入手できること。 3．管制機関の指示に違反し又は必要な許可を受けないで運航しないこと。

事業用（1人）

11. 総合能力

（目　的）
　　　実地試験の全般にわたり規程類を遵守し、積極性を持ち、航空機及びその運航の状況を正しく認識して業務を遂行できる事業用操縦士としての総合能力について判定する。

番　号	科　目	判　定　要　領	判　定　基　準
11－1	計画・判断力	飛行全般にわたって、先見性をもって飛行を計画する能力及び変化する各種の状況下において、適切に判断できる能力について判定する。	事後の操縦操作を予測して安全に飛行を継続するとともに、不測の事態に備え、予期される危険を回避できること。
11－2	状況認識	1．状況を認識し業務を管理する能力について判定する。 2．状況認識性について判定する。	1．現在の状況を正しく認識し安全に業務を実施できること。 2．積極性を持ち、状況を正しく認識できること。
11－3	規則の遵守	運航に必要な規則、規程類の遵守について判定する。	規則、規程類を遵守できること。

Ⅲ．限定変更実地試験
Ⅲ－1．口述試験
口述試験において行うべき科目の実施要領及び判定基準は、次表のとおりとする。

	1．運航に必要な知識		
（目　的） 運航に必要な試験に使用する航空機の性能、運用限界等に関する知識について判定する。			

番　号	科　目	実　施　要　領	判　定　基　準
1－1			
1－2	航空機事項	試験に使用する航空機について次の事項を質問し、答えさせる。 　1．性能、諸元、運用限界等 　2．諸系統及び諸装置 　　次の中から少なくとも3系統について質問を行う。（故障した場合の処置を含む。） 　（1）操縦系統 　（2）着陸装置 　（3）発動機 　（4）燃料・滑油・ハイドロ系統 　（5）電気系統 　（6）航法装置 　（7）ピトー・スタティック系統 　（8）防除氷装置 　（9）与圧装置（装備している場合に限る。） 　3．スピンの回避要領 　4．その他必要な事項	質問事項に正しく答えられること。

- 142 -

事業用（1人）

Ⅲ－2．実技試験

実技試験において行うべき科目の実施要領及び判定基準は、次表のとおりとする。

2．飛行前作業

（目　的）

　　飛行前に機長が行うべき確認事項の実施について判定する。

（注）「2－1　証明書・書類」及び「2－3　航空情報・気象情報」については判定しない。

番　号	科　目	実　施　要　領	判　定　基　準
2－1	証明書・書類		
2－2	重量・重心位置等	1．試験に使用する航空機の重量及び重心位置を計算させ、質問に答えさせる。 2．燃料及び滑油の搭載量及びその品質について確認させ、質問に答えさせる。 （注）計算には、搭載用グラフ又は計算機を使用させることができる。	1．空虚重量、全備重量、搭載重量等の区分を正しく理解し、重量及び重心位置が許容範囲内にあることを確認できること。 2．燃料及び滑油の搭載量及びその品質について確認できること。 3．質問事項に正しく答えられること。
2－3	航空情報・気象情報		
2－4	飛行前点検	1．航空機の外部点検及び内部点検を行わせる。 2．点検中、諸系統及び諸装置について質問に答えさせる。	1．飛行規程等に定められた点検が正しくできること。 2．点検中、積載物を含め安全に対する配慮がなされていること。 3．質問事項に正しく答えられること。

- 143 -

3．空港等及び場周経路における運航

（目　的）
　　空港等及び場周経路における運航について判定する。

番　号	科　目	実　施　要　領	判　定　基　準
3－1	始動・試運転	始動及び試運転を行わせる。	1．チェックリストの使用を含む、飛行規程等に定められた手順のとおり始動及び試運転が正しく実施でき、出発前の確認を完了できること。 2．制限事項を厳守できること。
3－2	地上滑走（水上滑走）	1．管制機関等の指示又は許可に基づいて地上滑走を行わせる。 2．水上機の場合は、次の項目を行わせる。 　（1）追い風、横風中の滑走 　（2）風下側への旋回、漂流及びブイ埠頭へのドッキング	1．他機や障害物など周辺の状況を考慮し、適切な速度及び出力で滑走できること。 2．他機（特に大型機）の後方を通過する場合に、安全に対する配慮を行えること。 3．水上機の場合 　　風、潮流を考慮して適正な経路が選定でき、正しく滑走、漂流、ドッキングができること。
3－3	場周飛行及び後方乱気流の回避	所定の方式に従って場周経路を飛行させる。	1．場周経路を先行機と適切な間隔を設定して正しく飛行できること。 2．飛行中の諸元は、 　高度は±100フィート 　速度は±10ノット 　以内の変化であること。

- 144 -

事業用（１人）

4．各種離陸及び着陸並びに着陸復行及び離陸中止

（目　的）

　　各種離陸（離水）及び着陸（着水）並びに着陸（着水）復行及び離陸中止について判定する。

（注）多発機は（４－５）を行わない。

番　号	科　目	実　施　要　領	判　定　基　準
４－１	通常及び横風中の離陸（離水）上昇	１．所定の方式により通常の離陸及び横風中の離陸を行わせる。 ２．水上機の場合は、向かい風及び軽微な横風中の離水のほか、可能ならばうねりのある水面からの離水を行わせる。	１．横風を修正し、滑走路の中心線及び延長線上を安定して離陸、上昇できること。 ２．上昇速度は±５ノット以内の変化であること。
４－２	通常及び横風中の進入・着陸（着水）	１．所定の方式により通常の進入着陸（着水）及び横風中の進入着陸（着水）を行わせる。 ２．最終進入速度は所定の形態における失速速度の1.3倍か、製造者が設定した速度とする。	１．所定の経路を安定して進入できること。 ２．突風成分を修正した進入速度を設定できること。 ３．進入速度は±５ノット以内の変化であること。 ４．滑走路中心線上の、指定された接地点から60メートルを越えない範囲に正しい姿勢で接地できること。 ５．横滑り状態で接地（接水）したり、接地（接水）後著しく方向を偏位させないこと。
４－３	短距離離陸	１．製造者の定めたフラップ角を使用させる。 ２．離陸滑走中、最良上昇角速度に達すると同時に浮揚させる。 ３．対地高度200フィートまで最良上昇角速度を維持した後、通常の上昇を行わせる。	（４－１）に同じ。
４－４	短距離着陸	１．パワーを使用し通常よりやや大きい一定の降下角で進入させる。 ２．操縦可能な最少速度で接地させる。 ３．製造者の定めた方法により効果的に制動し停止させる。	１．所定の降下経路を進入できること。 ２．最短距離で着陸停止できること。 ３．その他（４－２）に同じ。

- 145 -

番　号	科　目	実　施　要　領	判　定　基　準
4－5	制限地着陸	ダウンウインドレグを飛行中、接地点の真横でパワーをオフとして進入し、着陸させる。 （注）1．（9－1）のうち（単発機）4．と組み合わせて行うことができる。 　　2．降下角の修正のため緩徐な横滑りを行うことができる。	1．指定された接地点から60メートルを越えない範囲に接地すること。 2．その他（4－2）に同じ。
4－6	着陸（着水）復行	通常の着陸進入中、対地高度50フィート以下で着陸（着水）復行を指示し着陸（着水）復行を行わせる。	1．機を失せず、適切な速度及び姿勢を維持して、復行操作ができること。 2．横風を修正し、滑走路の中心線及び延長線上を安定して上昇できること。 3．上昇速度は±5ノット以内の変化であること。
4－7	離陸中止	離陸中、航空機の浮揚前に発動機が不作動になった場合を想定し離陸を中止させる。 （注）飛行訓練装置を使用する場合を除き口述で行う。	（実機） 　質問事項に正しく答えられること。 （飛行訓練装置） 1．機を失せず、直進性を保持しながら円滑に離陸中止の操作ができること。 2．滑走路内で安全に停止できること。

事業用（1人）

5．基本的な計器による飛行

5－1．基本的な計器による飛行

番　号	科　目	実　施　要　領	判　定　基　準
5－1 －1 ～ 5－1 －3			

- 147 -

5-2.計器飛行方式による飛行

（目　的）
　　計器飛行による操作について判定する。

（注）計器飛行証明を有し、単発機のみの限定を有する者が多発機で受験する場合に
　　行う。

番　号	科　目	実　施　要　領	判　定　基　準
5-2 -1	進入復行方式	所定の方式により1発動機模擬不作動状態でILS進入を行い、決心高度において外部視認不可能な状況を想定して進入復行を行わせる。 （注）（9-1）のうち（計器飛行証明を有し多発機で受験する場合）と組み合わせて行うことができる。	1．決心高度で速やかに復行操作を開始し、所定の方式に従って飛行できること。 2．直線上昇中、航跡は概ねローカライザーの延長線上にあること。 3．速度は1発動機不作動時の最良上昇率速度から±5ノット以内の変化であること。

- 148 -

事業用（1人）

	6．外部視認目標を利用した飛行を含む空中操作及び型式の特性に応じた飛行

（目　的）
　　型式固有の特性に応じた操作について判定する。

（注）多発機は、（6－4）を行わない。

番　号	科　目	実　施　要　領	判　定　基　準
6－1 〜 6－3			
6－4	螺旋降下	1．地上目標を中心とし、航跡が正円となるよう適宜傾斜角を修正しながら急な螺旋降下（最大傾斜角55度）をパワーオフで行わせる。 2．風下に向かって科目を開始するものとし、左又は右の720度以上の旋回を行わせる。 （注）　1．旋回中、地上目標を視認できない航空機は一定の傾斜角（最低45度）で行う。 　　　　2．発動機の過冷防止等のため必要な場合は、出力を増加してもよい。 　　　　3．旋回終了前に最低降下高度に到達した場合は、高度を維持したまま所定の旋回を続ける。	1．風を考慮し、地上航跡と中心目標との距離を一定に保つことができること。 2．安全な高度で科目を終了できること。 3．速度は±10ノット以内の変化であること。
6－5	型式特性に応じた操作	型式ごとに別途設定する。	型式の特性に応じた正しい操作ができること。

- 149 -

7．野外飛行

番　号	科　目	実　施　要　領	判　定　基　準
7－1 ～ 7－3			

事業用（1人）

8．飛行全般にわたる通常時の操作

（目　的）
　　飛行全般にわたり航空機の通常操作について判定する。

番　号	科　目	実　施　要　領	判　定　基　準
8－1	通常操作	規程等に定められた手順等に従って通常操作を行わせる。	規程等に従った操作が正しくできること。

9．異常時及び緊急時の操作

（目　的）
　　緊急状態となった場合の操作手順及び判断力について判定する。

（注）　1．計器飛行証明を有し、単発機のみの限定を有する者が多発機で受験する
　　　　　場合、（9－1）のうち（計器飛行証明を有し多発機で受験する場合）は模
　　　　　擬計器飛行により行う。
　　　　2．単発機は、（9－4）以降を行わない。

番　号	科　目	実　施　要　領	判　定　基　準
9－1	発動機の故障	（単発機） 1．飛行中、予告なしに発動機を模擬不作動状態とする。 2．所定の手順により、発動機の模擬再始動を行い、再始動に失敗した想定のもとに適宜不時着場を選定し進入させる。 3．空港等以外の場所でこの科目を行う場合は、最低安全高度まで進入させ、不時着の成否を判定し科目を終了する。 4．空港等を不時着場に選定した場合は、模擬再始動の操作は省略させてもよい。 （注）（4－5）と組み合わせて行うことができる。	1．安全かつ円滑に再始動操作ができること。 2．最良滑空速度または最小沈下速度を維持し適切な不時着場を選定できること。 3．フラップ、脚を使用して適正な降下角で進入できること。 4．管制機関との連絡が円滑にできること（模擬により試験官に行う。）。 5．誤操作等により他の緊急事態を誘発させないこと。

- 152 -

事業用（1人）

番 号	科 目	実 施 要 領	判 定 基 準
9－1 続き		（多発機） 1．飛行中、予告なしに1発動機を模擬不作動状態とする。 2．再始動を試みたが再始動出来ない状況あるいは、再始動しない決定がなされた状況を与える。 3．1発動機模擬不作動状態（ゼロスラスト）として水平直線飛行、傾斜角20度～30度での左右90度旋回及び指定高度への上昇、降下を行わせる。 4．1発動機模擬不作動状態で次の操作を行わせる。 　（1）脚下げ 　（2）フラップ下げ 　（3）キャブレターヒーターの使用	1．1発動機模擬不作動の状況を与えてから、発動機の模擬停止操作を完了するまでの諸元は、 　高度は±100フィート 　針路は±10度 　以内の変化であること。 2．飛行中の諸元は、 　高度は±100フィート 　速度は1発動機不作動時の最良上昇率速度から±5ノット 　針路は±10度 　以内の変化であること。 3．不安定な姿勢にならないこと。
		（計器飛行証明を有し多発機で受験する場合） 1．飛行中、予告なしに1発動機を模擬不作動状態とする。 2．再始動を試みたが再始動出来ない状況あるいは、再始動しない決定がなされた状況を与える。 3．1発動機模擬不作動状態（ゼロスラスト）として直線飛行、傾斜角20度～30度で指定針路への左又は右旋回及び指定高度への上昇又は降下を行わせる。 4．1発動機模擬不作動状態で次の操作を行わせる。 　（1）脚下げ 　（2）フラップ下げ 　（3）キャブレターヒーターの使用 （注）（5－2－1）と組み合わせて行うことができる。	1．1発動機模擬不作動の状況を与えてから、発動機の模擬停止操作を完了するまでの諸元は、 　高度は±100フィート 　針路は±20度 　以内の変化であること。 2．飛行中の諸元は、 　高度は±100フィート 　針路は±10度 　以内の変化であること。 　速度は1発動機不作動時の最良上昇率速度以上の安全な速度であること。 3．不安定な姿勢にならないこと。

番 号	科 目	実 施 要 領	判 定 基 準
9－2	諸系統又は装置の故障	次の系統又は装置のうち、3系統以上について故障時の操作を行わせる。 1．操縦系統 2．着陸装置 3．発動機 4．燃料・滑油・ハイドロ系統 5．電気系統 6．航法装置 7．ピトー・スタティック系統 8．防除氷装置 9．与圧装置（装備している場合に限る。） 10．その他（火災・煙の制御を含む。） （注）口述により行うことができる。	緊急事態の内容を的確に判断し、チェックリストの使用を含む、所定の手順が正しくできること。
9－3	離陸中の発動機故障	（単発機） 1．離陸直後に発動機故障になった場合の想定を与える。 2．対地高度500フィート未満で行う場合には口述により処置を確認し、それ以上の高度では降下姿勢の確立及び不時着場の選定を行わせる。	1．円滑に、安全な降下姿勢を確立できること。 2．適切な不時着場を選定できること。 3．離陸中の発動機故障の処置について正しく理解していること。

- 154 -

事業用（1人）

番　号	科　目	実　施　要　領	判　定　基　準
9－3 続き		（多発機） 　飛行機の性能、滑走路の長さと路面の状態、風向・風速及び安全性に影響のある他の要素を考慮し、次により少なくとも1回は離陸中の1発動機故障に対応した操作を行わせる。 （注）必要な場合に備えて、発動機は模擬不作動とするが、その他についてはできるだけ実際に発動機が停止した場合の状況を設定する。 1．1発動機を模擬不作動としたときの速度が1発動機不作動時の最良上昇角速度未満であれば1発動機不作動時の最良上昇角速度に増速して離陸を継続し、障害物を越えた後、1発動機不作動時の最良上昇率速度に増速して上昇させる。 2．1発動機を模擬不作動としたときの速度が1発動機不作動時の最良上昇角速度以上であればその速度で離陸を継続し、障害物を越えた後、1発動機不作動時の最良上昇率速度に増速して上昇させる。	1．離陸継続の判断、操作が迅速かつ的確にできること。 2．上昇飛行中の諸元は、 　　速度は±5ノット 　　針路は±10度 　　以内の変化であること。 3．不安定な姿勢にならないこと。
9－4	陸　1発動機不作動時の進入・着	1発動機を、次により模擬不作動状態として進入し、着陸させる。 1．フェザリングプロペラを装備している場合はプロペラがフェザーとなった場合と同等の抵抗となるよう出力を設定する。 2．フェザリングプロペラを装備していない場合は発動機を緩速状態とする。	1．引起し開始前にV_{MC}未満の速度としないこと。 2．過度に滑らせないこと。 3．その他（4－2）に同じ。

- 155 -

番　号	科　目	実　施　要　領	判　定　基　準
9－5	V_{MC}による飛行	1．V_{SSE}より10ノット以上多い速度までに脚上げ、フラップ離陸位置及び、臨界発動機を模擬不作動、他の作動発動機を離陸又は上昇出力とした上昇姿勢を確立させる。 2．機首上げにより、1秒に1ノット程度の減速率でV_{MC}近くまで徐々に速度を減じ、方向操縦性が失われていく過程での操縦を行わせる。 3．方向保持が不可能となる直前に機首を下げながら作動発動機側出力を必要量だけ徐々に減ずることにより回復操作を行わせる。 （注）1．V_{MC}より失速速度が大きい場合は失速の兆候が起こる前に回復操作を開始する。 　　　2．回復操作は模擬不作動発動機の出力を増すことによって行ってはならない。 　　　3．高度に余裕をもって行う。	1．方向操縦性が失われていく過程で、ラダー操作と作動発動機側への5度以内の傾斜角により方向保持ができること。 2．方向操縦性が完全に失われる前に、適切な回復操作ができること。

事業用（1人）

10．航空交通管制機関等との連絡

（目　的）
　　航空交通管制機関等との連絡について判定する。

番　号	科　目	実　施　要　領	判　定　基　準
10－1	管制機関等との連絡	所定の方法により管制機関等と無線電話により交信し、必要な情報及び許可を受けさせる。	1．ＡＴＣ用語を正しく理解し、使用できること。 2．所定の方法により円滑に交信でき、必要な情報及び許可を入手できること。 3．管制機関の指示に違反し又は必要な許可を受けないで運航しないこと。

- 157 -

11. 総合能力

（目　的）
　　実地試験の全般にわたり規程類を遵守し、積極性を持ち、航空機及びその運航の状況を正しく認識して業務を遂行できる事業用操縦士としての総合能力について判定する。

番　号	科　目	判　定　要　領	判　定　基　準
11－1	計画・判断力	飛行全般にわたって、先見性をもって飛行を計画する能力及び変化する各種の状況下において、適切に判断できる能力について判定する。	事後の操縦操作を予測して安全に飛行を継続するとともに、不測の事態に備え、予期される危険を回避できること。
11－2	状況認識	1．状況を認識し業務を管理する能力について判定する。 2．状況認識性について判定する。	1．現在の状況を正しく認識し安全に業務を実施できること。 2．積極性を持ち、状況を正しく認識できること。
11－3	規則の遵守	運航に必要な規則、規程類の遵守について判定する。	規則、規程類を遵守できること。

事業用（1人）

IV. 実技試験の一部を飛行訓練装置を使用して行う場合の実機の実技と飛行訓練装置との使用区分

実技試験の一部を飛行訓練装置を使用して行う場合の実機の実技と飛行訓練装置との使用区分は次のとおりとする。
ただし、実機による実技の対象である科目であって飛行訓練装置で実施する科目であっても、評価の対象とする。
また試験官は、評価の正確性、評価の適正性等の確認から必要と認めたときは、使用区分の一部を変更して行うことができる。

科　目	飛行訓練装置			
	3	4	5	6
3．空港等及び場周経路における運航				
3－1　始動・試運転	F	F（注2）	F（注2）	F
3－2　地上滑走（水上滑走）	A	A	A	A
3－3　場周飛行及び後方乱気流の回避	A	A	A	A
4．各種離陸及び着陸復行及び離陸中止				
4－1　通常及び突風時中の離陸（離水）上昇	A	A	A	A
4－2　通常及び横風時中の進入・着陸（着水）	A	A	A	A
4－3　短距離離陸	A	A	A	A
4－4　短距離着陸	A	A	A	A
4－5　制限地着陸（多発機を除く。）	A	A	A	A
4－6　着陸復行	F（注1）			F（注1）
4－7　離陸中止	F（注1）			F（注1）
5．基本的な計器による飛行				
5－1.　基本操作による飛行				
5－1－1　基本操作	F	A	A	F
5－1－2　レーダー誘導による飛行	F	A	A	F
5－1－3　異常な姿勢からの回復	A		A	A
5－2.　計器飛行方式による飛行				
5－2－1　進入復行方式（単発機を除く。）	A	A		A
6．外部視認目標を利用した飛行を含む空中操作及び型式の特性に応じた飛行				
全科目	A	A	A	A
7．野外飛行				
全科目	A	A	A	A
8．飛行全般にわたる通常時の操作				
全科目	B	B	B	B
9．異常時及び緊急時の操作				
9－1　発動機の故障	A	F（注2）	A（注2）	A
9－2　諸系統又は装置の故障	F	A	A	F
9－3　離陸中の発動機故障	A	A	A	A
9－4　1発動機不作動時の進入・着陸（単発機を除く。）	A			A
9－5　VmCによる飛行（単発機を除く。）				
10．航空交通管制機関等との連絡				
全科目	B	B	B	B
11．総合能力				
全科目	B	B	B	B

備考

記号の意味
A：実機で行う科目
B：実機と飛行訓練装置の両方で行う科目
F：飛行訓練装置で行うことのできる科目
（注1）：適切なビジュアルシステムを有するものに限る。
（注2）：適切に装備されたものに限る。

-159-

Ⅴ．実地試験成績報告書

実地試験成績報告書の様式は次のとおりとする。

実地試験成績報告書
（1人で操縦できる飛行機）

総合判定

① 受 験 者 調 書			
ふりがな _____ 氏　名		□昭和　□平成　□西暦 生年月日　　　　年　　　月　　　日	
受 験 す る 資 格	試 験 の 種 類	既得の技能証明・計器飛行証明の番号	
□自 家 用 操 縦 士 □事 業 用 操 縦 士	□技能証明 □限定変更	_____ No. _____ _____ No. _____	
試 験 に 使 用 す る 航 空 機			操縦練習許可書番号
等　　　　級	型　　　　式	国籍・登録記号	
□陸上　□単発機 □水上　□多発機	式　　　型		No. _____
連　絡　先 （会社団体等）	電話番号		
学科試験合格	年　　　月　　　日　　　受　験　地		
② 教 官 の 証 明			
受験者　　　　　　は申請資格に係る飛行訓練装置による必要な訓練及び所定の技能を有していることを証明します。 　　　教官の有する技能証明の資格と番号 _____ 操縦士　 No. _____ 　　　　　　　　　　　　　　　　　　　　　　　　操縦教育証明　 No. _____ 　　　　　　　年　　　月　　　日　　　　教官署名_____			
受験者　　　　　　は申請資格に係る飛行経歴及び所定の技能を有していることを証明します。 　　　教官の有する技能証明の資格と番号 _____ 操縦士　 No. _____ 　　　　　　　　　　　　　　　　　　　　　　　　操縦教育証明　 No. _____ 　　　　　　　年　　　月　　　日　　　　教官署名_____			
③ 試 験 の 実 施			
実機 期日　　年　　月　　日　場所 試験官		飛行訓練装置 期日　　年　　月　　日　場所 試験官	
特記事項		特記事項	

　1．受験者は、①受験者調書欄に所要事項を記入又はレ印を付すこと。
　2．教官は、②教官の証明欄に所要事項を記入のうえ、試験官に提出すること。

事業用（１人）

成　績　表

試　験　科　目	自家用操縦士 技能証明	自家用操縦士 限定変更	事業用操縦士 技能証明	事業用操縦士 限定変更
口述試験				
1．運航に必要な知識				
1－1　一般知識				
1－2　航空機事項				
実技試験				
2．飛行前作業				
2－1　証明書・書類				
2－2　重量・重心位置等				
2－3　航空情報・気象情報				
2－4　飛行前点検				
3．空港等及び場周経路における運航				
3－1　始動・試運転				
3－2　地上滑走（水上滑走）				
3－3　場周飛行及び後方乱気流の回避				
4．各種離陸及び着陸並びに着陸復行及び離陸中止				
4－1　通常及び横風中の離陸（離水）上昇				
4－2　通常及び横風中の進入・着陸（着水）				
4－3　短距離離陸				
4－4　短距離着陸				
4－5　制限地着陸（多発機を除く。）				
4－6　着陸（着水）復行				
4－7　離陸中止				
5．基本的な計器による飛行				
5－1．基本的な計器による飛行				
5－1－1　基本操作				
5－1－2　レーダー誘導による飛行				
5－1－3　異常な姿勢からの回復				
5－2．計器飛行方式による飛行				
5－2－1　進入復行方式（単発機を除く。）				

試　験　科　目	自家用操縦士 技能証明	自家用操縦士 限定変更	事業用操縦士 技能証明	事業用操縦士 限定変更
6．外部視認目標を利用した飛行を含む空中操作及び型式の特性に応じた飛行				
6－1　低速飛行				
6－2　失速と回復操作				
6－3　急旋回				
6－4　螺旋降下（多発機を除く。）				
6－5　型式特性に応じた操作				
7．野外飛行				
7－1　野外飛行計画				
7－2　野外飛行				
7－3　代替空港等への飛行				
8．飛行全般にわたる通常時の操作				
8－1　通常操作				
9．異常時及び緊急時の操作				
9－1　発動機の故障				
9－2　諸系統又は装置の故障				
9－3　離陸中の発動機故障				
9－4　1発動機不作動時の進入・着陸（単発機を除く。）				
9－5　V_{MC}による飛行（単発機を除く。）				
10．航空交通管制機関等との連絡				
10－1　管制機関等との連絡				
11．総合能力				
11－1　計画・判断力				
11－2　状況認識				
11－3　規則の遵守				

（注）　1．計器飛行証明を有し、単発機のみの限定を有する者が多発機で受験する場合は、「9－1　発動機の故障」は模擬計器飛行により行う。
　　　　2．計器飛行証明を有しない者は、「5－2－1　進入復行方式」は行わない。

- 161 -

附　則
1．この操縦士実地試験実施細則は、平成26年4月1日から施行する。
2．この操縦士実地試験実施細則の施行の日から6ヶ月を経過する日までは、従前どおりとすることができる。

空乗第２０３９号
平成10年３月20日
一部改正国空乗第２２２７号
平成13年２月28日
一部改正国空乗第２号
平成16年４月19日
一部改正国空乗第６０号
平成20年５月16日
一部改正国空航第５５５号
平成25年11月８日

操縦士実地試験実施細則

自家用操縦士

（１人で操縦できる飛行機）

国土交通省航空局安全部運航安全課

自家用（1人）

I．一般

1．1人で操縦できる飛行機に係る自家用操縦士の実地試験を行う場合は、操縦士実地試験実施基準及びこの細則によるものとする。

2．実技試験における横風離着陸、後方乱気流の回避等の科目であって、気象状態、飛行状態等によりその環境を設定できない場合は、当該科目を実施する場合の操作要領、留意事項等について口述による試験を行うことにより実技試験に代えることができる。なお、「Ⅱ－2．実技試験」及び「Ⅲ－2．実技試験」の実施要領に「口述」とあるのは運航中、状況を模擬に設定し、その処置を口頭により説明させ又は模擬操作を行わせることを意味する。

3．ILS進入における決心高度は、原則として接地帯標高に200フィートを加えた高さとする。

4．試験官が必要と認めた場合であって、管制機関の承認を受けた場合は、公示された進入方式及び進入復行方式以外の方式により飛行することができる。

5．フードの使用は、次のとおりとする。

　　5－1　フードの要件

　　　　5－1－1　着脱が容易であること。

　　　　5－1－2　試験実施中、装着状態が不安定とならないこと。

　　　　5－1－3　前方の地平線及び進入目標が完全に遮蔽された状態となること。

　　　　5－1－4　教官席からの視界を妨げないものであること。

　　5－2　フードの使用を終了すべき時期

　　　　　　ILS進入に続いて進入復行を実施した場合は、航空機が進入復行方式において定められている旋回開始高度及び対地高度500フィートのうち、いずれか低い高度に達したとき。

6．試験官が必要と認めた場合は、野外飛行の一部の区間に限り、自動操縦装置、自動出力制御装置等を使用して飛行させることができる。

7．模擬飛行装置又は飛行訓練装置を使用した実技試験は行わない。

Ⅱ．技能証明実地試験

Ⅱ－1．口述試験

口述試験において行うべき科目の実施要領及び判定基準は、次表のとおりとする。

1．運航に必要な知識

（目　的）
運航に必要な一般知識及び試験に使用する航空機の性能、運用限界等に関する知識について判定する。

（注）准定期運送用操縦士の技能証明を有する者は（1－1）を行わない。

番　号	科　目	実　施　要　領	判　定　基　準
1－1	一般知識	次の事項について質問し、答えさせる。 1．有視界飛行方式に関する諸規則 2．航空交通管制方式 3．航空保安施設の特性と利用法 4．捜索救難に関する規則 5．人間の能力及び限界に関する事項 6．その他運航に必要な事項（救急用具の取り扱いを含む。）	質問事項に概ね答えられること。
1－2	航空機事項	試験に使用する航空機について次の事項を質問し、答えさせる。 1．性能、諸元、運用限界等 2．諸系統及び諸装置 　次の中から少なくとも3系統について質問を行う。（故障した場合の処置を含む。） 　(1) 操縦系統 　(2) 着陸装置 　(3) 発動機 　(4) 燃料・滑油・ハイドロ系統 　(5) 電気系統 　(6) 航法装置 　(7) ピトー・スタティック系統 　(8) 防除氷装置 　(9) 与圧装置（装備している場合に限る。） 3．スピンの回避要領 4．その他必要な事項	質問事項に概ね答えられること。

自家用（1人）

Ⅱ－2．実技試験
実技試験において行うべき科目の実施要領及び判定基準は、次表のとおりとする。

2．飛行前作業

（目　的）
飛行前に機長が行うべき確認事項の実施について判定する。

番　号	科　目	実　施　要　領	判　定　基　準
2－1	証明書・書類	1．航空機登録証明書、耐空証明書、運用限界等指定書等必要な書類の有効性を確認させる。 2．航空日誌等により航空機の整備状況を確認させる。	1．必要な証明書、書類等の有効性を確認できること。 2．航空日誌等の記載事項を解読でき、必要な事項を確認できること。
2－2	重量・重心位置等	1．試験に使用する航空機の重量及び重心位置を計算させ、質問に答えさせる。 2．燃料及び滑油の搭載量及びその品質について確認させ、質問に答えさせる。 （注）計算には、搭載用グラフ又は計算機を使用させることができる。	1．空虚重量、全備重量、搭載重量等の区分を理解し、重量及び重心位置が許容範囲内にあることを確認できること。 2．燃料及び滑油の搭載量及びその品質について確認できること。 3．質問事項に概ね答えられること。
2－3	航空情報・気象情報	1．必要な航空情報を入手させ、飛行に関連のある事項について説明させ、質問に答えさせる。 2．必要な気象情報を入手させ、天気概況、空港等及び使用空域の実況及び予報について説明させ、質問に答えさせる。	1．航空情報を理解できること。 2．天気図等を使用し、天気概況の説明ができること。 3．各種の気象通報式の解読ができること。 4．航空情報、気象情報を総合的に検討し、飛行の可否が判断できること。 5．質問事項に概ね答えられること。
2－4	飛行前点検	1．航空機の外部点検及び内部点検を行わせる。 2．点検中、諸系統及び諸装置について質問に答えさせる。	1．飛行規程等に定められた点検ができること。 2．点検中、積載物を含め安全に対する配慮がなされていること。 3．質問事項に概ね答えられること。

3．空港等及び場周経路における運航

（目　的）
　　空港等及び場周経路における運航について判定する。

番　号	科　目	実　施　要　領	判　定　基　準
3－1	始動・試運転	始動及び試運転を行わせる。	1．チェックリストの使用を含む、飛行規程等に定められた手順のとおり始動及び試運転が実施でき、出発前の確認を完了できること。 2．制限事項を守れること。
3－2	地上滑走（水上滑走）	1．管制機関等の指示又は許可に基づいて地上滑走を行わせる。 2．水上機の場合は、次の項目を行わせる。 　(1) 追い風、横風中の滑走 　(2) 風下側への旋回、漂流及びブイ埠頭へのドッキング	1．他機や障害物など周辺の状況を考慮し、適切な速度及び出力で滑走できること。 2．他機(特に大型機)の後方を通過する場合に、安全に対する配慮を行えること。 3．水上機の場合 　風、潮流を考慮して、安全に滑走、漂流、ドッキングができること。
3－3	場周飛行及び後方乱気流の回避	所定の方式に従って場周経路を飛行させる。	1．場周経路を先行機と適切な間隔を設定して飛行できること。 2．飛行中の諸元は、 　高度は±100フィート 　速度は±10ノット 　以内の変化であること。

- 168 -

自家用（1人）

4．各種離陸及び着陸並びに着陸復行及び離陸中止

（目　的）

　　各種離陸（離水）及び着陸（着水）並びに着陸（着水）復行及び離陸中止について判定する。

番　号	科　目	実 施 要 領	判 定 基 準
4－1	陸（離水）通常及び横風中の離上昇	1．所定の方式により通常の離陸及び横風中の離陸を行わせる。 2．水上機の場合は、向かい風及び軽微な横風中の離水のほか、可能ならばうねりのある水面からの離水を行わせる。	1．横風を修正し、滑走路の中心線及び延長線上を概ね維持しながら離陸、上昇できること。 2．上昇速度は±10ノット以内の変化であること。
4－2	（着水）通常及び横風中の進入・着陸	1．所定の方式により通常の進入着陸（着水）及び横風中の進入着陸（着水）を行わせる。 2．最終進入速度は所定の形態における失速速度の1.3倍か、製造者が設定した速度とする。	1．所定の経路を安全に進入できること。 2．突風成分を修正した進入速度を設定できること。 3．進入速度は、 　　＋10ノット 　　－5ノット 　　以内の変化であること。 4．接地点付近に安全な姿勢で接地できること。 5．横滑り状態で接地（接水）したり、接地（接水）後著しく方向を偏位させないこと。
4－3	短距離離陸	1．製造者の定めたフラップ角を使用させる。 2．離陸滑走中、最良上昇角速度に達すると同時に浮揚させる。 3．対地高度200フィートまで最良上昇角速度を維持した後、通常の上昇を行わせる。	（4－1）に同じ。
4－4	短距離着陸	1．パワーを使用し通常よりやや大きい一定の降下角で進入させる。 2．操縦可能な最少速度で接地させる。 3．製造者の定めた方法により効果的に制動し停止させる。	1．製造者の定めた方法により制動操作ができること。 2．その他（4－2）に同じ。

- 169 -

番 号	科 目	実 施 要 領	判 定 基 準
4−5			
4−6	着陸（着水）復行	通常の着陸進入中、対地高度50フィート以下で着陸復行を指示し着陸（着水）復行を行わせる。	1．機を失せず安全に復行操作ができること。 2．横風を修正し、概ね滑走路の中心線及び延長線上を安全に上昇できること。 3．上昇速度は±5ノット以内の変化であること。
4−7	離陸中止	離陸中、航空機の浮揚前に発動機が不作動になった場合を想定し離陸を中止させる。 （注）口述で行う。	質問事項に正しく答えられること。

- 170 -

自家用（1人）

5．基本的な計器による飛行
5－1．基本的な計器による飛行

（目　的）
　　視程不良時の緊急状態を想定した各種操作について判定する。

（注）　1．准定期運送用操縦士の技能証明を有する者は行わない。
　　　　2．異なる種類の航空機に係る操縦士の技能証明（滑空機を除く。）を有する者
　　　　　は（5－1－2）を行わない。

番　号	科　目	実　施　要　領	判　定　基　準
5－1 －1	基本操作	巡航形態で次の順序により一連の科目を行わせる。 1．1分間の水平直線飛行 2．右又は左の180度水平旋回 3．500フィートの上昇又は降下 （注）　気象状態等により必要と認められる場合は、科目の順序を変更することができる。	飛行中の諸元は、 高度は±100フィート 速度は±10ノット 針路は±10度（水平直線飛行時） 　　　±20度（旋回停止時） 以内の変化であること。
5－1 －2	レーダー誘導による飛行	機位が不明となり、レーダー誘導により空港等に帰投する想定で、次の飛行を行わせる。 1．受験者に機位が不明となった状況を与える。 2．受験者は試験官にレーダー誘導を要求する。 3．概ね次の要領により模擬レーダー誘導を行う。 (1) 500フィート以上の高度変更の指示を1回以上 (2) 90度以上の針路変更の指示を1回以上 4．受験者は試験官の指示を復唱し、その指示に従って飛行する。 （注）高度変更と旋回の指示は同時には行わない。	1．所定の方式により、レーダー誘導の要求ができること。 2．誘導の指示を理解し、対応した操作ができること。 3．飛行中の諸元は、 　高度は±100フィート 　速度は±10ノット 　針路は±10度 以内の変化であること。

- 171 -

番　号	科　目	実　施　要　領	判　定　基　準
5－1 －3	異常な姿勢からの回復	航空機を異常な飛行姿勢とし たのち、受験者に水平直線飛行 状態に戻させる。 (注) 異常な飛行姿勢は、計器 　　に対する注意の欠如、じょ 　　う乱又は不適切なトリムに 　　より生ずるものを模して行 　　う。	1．所定の手順により、安全に回復操作がで 　きること。 2．運用限界速度を超えないこと。 3．失速させないこと。

自家用（1人）

5−2．計器飛行方式による飛行			
番　号	科　目	実 施 要 領	判 定 基 準
5−2 −1			

6．外部視認目標を利用した飛行を含む空中操作及び型式の特性に応じた飛行

（目　的）
　　　飛行姿勢、速度、出力の変化を伴う各種操作及び型式固有の特性に応じた操作について判定する。

番　号	科　目	実　施　要　領	判　定　基　準
6－1	低速飛行	1．操縦可能な最小速度で、水平直線飛行を巡航形態及び着陸形態で行わせる。 2．姿勢が確立され安定した状態から（6－2）の科目に移行することができる。	飛行中の諸元は、 高度は±50フィート 速度は＋10ノット 　　　－5ノット 針路は±10度 以内の変化であること。
6－2	失速と回復操作	失速とその回復操作を次の2種類行わせる。 1．進入形態によるパワーオンでの旋回飛行中の初期失速 2．着陸形態によるパワーオフでの直線飛行中の完全な失速	1．失速の兆候を察知し、機を失せず回復操作ができること。 2．2次失速を起こさないこと。 3．著しく不安定な姿勢とならないこと。 4．多発機においては、左右の出力が不均衡にならないこと。
6－3 ～ 6－4			
6－5	型式特性に応じた操作	型式ごとに別途設定する。	型式の特性に応じた操作ができること。

自家用（1人）

7．野外飛行

（目　的）
　　有視界飛行方式による野外飛行計画の作成及び野外飛行について判定する。

（注）異なる種類の航空機に係る操縦士の技能証明（滑空機を除く。）を有する者は行わない。

番　号	科　目	実　施　要　領	判　定　基　準
7－1	野外飛行計画	1．受験者が、気象情報、航空情報を入手のうえ作成した次の(1)から(3)の項目を含む事前に選定した出発地の空港等（場外離着陸場を含む。以下同じ。）と異なる空港等を目的地とする野外飛行計画、又は出発地の空港等と異なる空港等で1回の離着陸を含む野外飛行計画を試験官に提出させる。 （1）巡航速度で2時間以上の航程であること。 （2）航空図への経路の記入及び方位・距離の測定並びに確認点の選定等が行われていること。 （3）針路、対地速度、予定飛行時間、必要燃料等の航法諸元が算出されていること。 2．受験者が作成した野外飛行計画について質問し答えさせる。	1．野外飛行計画を作成できること。 2．気象情報、航空情報を把握できること。 3．航法諸元を算出できること。 4．飛行経路周辺の障害物、不時着場、制限空域等について配慮されていること。 5．質問事項に概ね答えられること。

- 175 -

番 号	科 目	実 施 要 領	判 定 基 準
7-2	野外飛行	次により野外飛行を行わせる。 1. 受験者が作成した野外飛行計画に基づき飛行を開始させる。 2. 修正針路が確定し、最初の着陸地又は変針点の予定到着時刻が確定するまでは、当初の計画に従って飛行させる。 3. 少なくとも1回、無線施設の周波数に同調させ無線方位線を求めさせる。 4. 生地着陸は行わない。 (注) (7-2)及び(7-3)で少なくとも1時間以上飛行させること。	1. 地点標定を行い、予定経路の3海里以内を飛行できること。(地点標定ができない場合を除く。) 2. 飛行中必要な情報を入手し、利用できること。 3. 無線施設を利用できること。 4. 気象の変化に対応できること。 5. 変針点又は目的地への到着時刻の誤差は、各経路における最初の確認点で算出した予定到着時刻の±5分以内であること。 6. 巡航中の諸元は、 高度は±200フィート 針路は±15度 以内の変化であること。
7-3	代替空港等への飛行	状況を設定し、代替空港等へ変針させる。 (注) 1. 無線施設のみにより飛行させないこと。 2. 代替空港等へ飛行するための針路及び予定到着時刻の算出が終了し、代替空港等へ確実に到着できると判断した段階で、この科目を終了してもよい。	1. 代替空港等を選定できること。 2. 概略の針路と予定到着時刻を算出できること。

- 176 -

自家用（1人）

8．飛行全般にわたる通常時の操作

（目　的）
　　飛行全般にわたり航空機の通常操作について判定する。

番　号	科　目	実　施　要　領	判　定　基　準
8－1	通常操作	規程等に定められた手順等に従って通常操作を行わせる。	規程等に従った操作ができること。

9．異常時及び緊急時の操作

（目　的）
　　緊急状態となった場合の操作手順及び判断力について判定する。

（注）単発機は、（9−4）以降を行わない。

番　号	科　目	実　施　要　領	判　定　基　準
9−1	発動機の故障	（単発機） 1．飛行中、予告なしに発動機を模擬不作動状態とする。 2．再始動を試みたが再始動出来ない状況、あるいは再始動しない決定がなされた想定のもとに適宜不時着場を選定し進入させる。 3．空港等以外の場所でこの科目を行う場合は、最低安全高度まで進入させ、不時着の成否を判定し科目を終了する。	1．最良滑空速度を維持し、適切な不時着場を選定できること。 2．管制機関との連絡ができること。（模擬により試験官に行う。） 3．不時着が可能な目測で進入できること。 4．誤操作等により他の緊急事態を誘発させないこと。
		（多発機） 1．飛行中、予告なしに1発動機を模擬不作動状態とする。 2．再始動を試みたが再始動出来ない状況あるいは、再始動しない決定がなされた状況を与える。 3．1発動機模擬不作動状態（ゼロスラスト）として水平直線飛行、傾斜角20度〜30度での左右90度旋回及び指定高度への上昇、降下を行わせる。 4．1発動機模擬不作動状態で次の操作を行わせる。 　(1)　脚下げ 　(2)　フラップ下げ 　(3)　キャブレターヒーターの使用	1．1発動機模擬不作動の状況を与えてから、発動機の模擬停止操作を完了するまでの諸元は、 　高度は±100フィート 　針路は±20度 　以内の変化であること。 2．飛行中の諸元は、 　高度は±100フィート 　速度は1発動機不作動時の最良上昇率速度から±5ノット 　針路は±10度 　以内の変化であること。 3．不安定な姿勢にならないこと。

自家用（1人）

番 号	科 目	実 施 要 領	判 定 基 準
9－2	諸系統又は装置の故障	次の系統又は装置のうち、3系統以上について故障時の操作を行わせる。 1．操縦系統 2．着陸装置 3．発動機 4．燃料・滑油・ハイドロ系統 5．電気系統 6．航法装置 7．ピトー・スタティック系統 8．防除氷装置 9．与圧装置（装備している場合に限る。） 10．その他（火災・煙の制御を含む。） （注）　口述により行うことができる。	緊急事態の内容を的確に判断し、チェックリストの使用を含む、所定の手順ができること。
9－3	離陸中の発動機故障	（単発機） 1．離陸直後に発動機故障になった場合の想定を与える。 2．対地高度500フィート未満で行う場合には口述により処置を確認し、それ以上の高度では降下姿勢の確立及び不時着場の選定を行わせる。	1．安全な降下姿勢を確立できること。 2．適切な不時着場を選定できること。 3．離陸中の発動機故障の処置について理解していること。

- 179 -

番 号	科 目	実 施 要 領	判 定 基 準
9－3 続き		（多発機） 　飛行機の性能、滑走路の長さと路面の状態、風向・風速及び安全性に影響のある他の要素を考慮し、次により少なくとも1回は離陸中の1発動機故障に対応した操作を行わせる。 　（注）必要な場合に備えて、発動機は模擬不作動とするが、その他についてはできるだけ実際に発動機が停止した場合の状況を設定する。 　1．1発動機を模擬不作動としたときの速度が1発動機不作動時の最良上昇角速度未満であれば1発動機不作動時の最良上昇角速度に増速して離陸を継続し、障害物を越えた後、1発動機不作動時の最良上昇率速度に増速して上昇させる。 　2．1発動機を模擬不作動としたときの速度が1発動機不作動時の最良上昇角速度以上であればその速度で離陸を継続し、障害物を越えた後、1発動機不作動時の最良上昇率速度に増速して上昇させる。	1．離陸継続の判断、操作が速やかにできること。 2．上昇飛行中の諸元は、 　速度は±5ノット 　針路は±10度 　以内の変化であること。 3．不安定な姿勢にならないこと。
9－4	1発動機不作動時の進入・着陸	1発動機を、次により模擬不作動状態として進入し、着陸させる。 　1．フェザリングプロペラを装備している場合はプロペラがフェザーとなった場合と同等の抵抗となるよう出力を設定する。 　2．フェザリングプロペラを装備していない場合は発動機を緩速状態とする。	1．引起し開始前にV_{MC}未満の速度としないこと。 2．過度に滑らせないこと。 3．その他（4－2）に同じ。

- 180 -

自家用（1人）

番 号	科 目	実 施 要 領	判 定 基 準
9－5	V_{MC}による飛行	1. V_{SSE}より10ノット以上多い速度までに脚上げ、フラップ離陸位置及び、臨界発動機を模擬不作動、他の作動発動機を離陸又は上昇出力とした上昇姿勢を確立させる。 2. 機首上げにより、1秒に1ノット程度の減速率でV_{MC}近くまで徐々に速度を減じ、方向操縦性が失われていく過程での操縦を行わせる。 3. 方向保持が不可能となる直前に機首を下げながら作動発動機側出力を必要量だけ徐々に減ずることにより回復操作を行わせる。 (注) 1. V_{MC}より失速速度が大きい場合は失速の兆候が起こる前に回復操作を開始する。 2. 回復操作は模擬不作動発動機の出力を増すことによって行ってはならない。 3. 高度に余裕をもって行う。	1. 方向操縦性が失われていく過程で、ラダー操作と作動発動機側への5度以内の傾斜角により方向保持ができること。 2. 方向操縦性が完全に失われる前に、適切な回復操作ができること。

- 181 -

10. 航空交通管制機関等との連絡

（目　的）
　　航空交通管制機関等との連絡について判定する。

番　号	科　目	実　施　要　領	判　定　基　準
10－1	管制機関等との連絡	所定の方法により管制機関等と無線電話により交信し、必要な情報及び許可を受けさせる。	1．ＡＴＣ用語を理解し、使用できること。 2．所定の方法により交信でき、必要な情報及び許可を入手できること。 3．管制機関の指示に違反し又は必要な許可を受けないで運航しないこと。

自家用（１人）

| 11. 総合能力 |

（目　的）
　　　実地試験の全般にわたり規程類を遵守し、積極性を持ち、航空機及びその運航の状況を
　正しく認識して飛行を遂行できる自家用操縦士としての総合能力について判定する。

番 号	科 目	判 定 要 領	判 定 基 準
11－1	計画・判断力	飛行全般にわたって、先見性をもって飛行を計画する能力及び変化する各種の状況下において、適切に判断できる能力について判定する。	事後の操縦操作を予測して安全に飛行を継続するとともに、予期される危険を回避できること。
11－2	状況認識	1. 状況を認識し業務を管理する能力について判定する。 2. 状況認識性について判定する。	1. 現在の状況を認識し安全に飛行できること。 2. 積極性を持ち、状況を認識できること。
11－3	規則の遵守	運航に必要な規則、規程類の遵守について判定する。	規則、規程類を遵守できること。

Ⅲ． 限定変更実地試験
Ⅲ－1． 口述試験
口述試験において行うべき科目の実施要領及び判定基準は、次表のとおりとする。

番 号	科 目	実 施 要 領	判 定 基 準
1．運航に必要な知識			
（目　的） 　　　運航に必要な試験に使用する航空機の性能、運用限界等に関する知識について判定する。			
1－1			
1－2	航空機事項	試験に使用する航空機について次の事項を質問し、答えさせる。 1．性能、諸元、運用限界等 2．諸系統及び諸装置 　　次の中から少なくとも3系統について質問を行う。（故障した場合の処置を含む。） 　(1) 操縦系統 　(2) 着陸装置 　(3) 発動機 　(4) 燃料・滑油・ハイドロ系統 　(5) 電気系統 　(6) 航法装置 　(7) ピトー・スタティック系統 　(8) 防除氷装置 　(9) 与圧装置（装備している場合に限る。） 3．スピンの回避要領 4．その他必要な事項	質問事項に概ね答えられること。

- 184 -

自家用（1人）

Ⅲ－2．実技試験

実技試験において行うべき科目の実施要領及び判定基準は、次表のとおりとする。

2．飛行前作業			
（目　的）			
飛行前に機長が行うべき確認事項の実施について判定する。			
（注）「2－1　証明書・書類」及び「2－3　航空情報・気象情報」については判定しない。			

番　号	科　目	実　施　要　領	判　定　基　準
2－1	証明書・書類		
2－2	重量・重心位置等	1．試験に使用する航空機の重量及び重心位置を計算させ、質問に答えさせる。 2．燃料及び滑油の搭載量及びその品質について確認させ、質問に答えさせる。 （注）計算には、搭載用グラフ又は計算機を使用させることができる。	1．空虚重量、全備重量、搭載重量等の区分を理解し、重量及び重心位置が許容範囲内にあることを確認できること。 2．燃料及び滑油の搭載量及びその品質について確認できること。 3．質問事項に概ね答えられること。
2－3	航空情報・気象情報		
2－4	飛行前点検	1．航空機の外部点検及び内部点検を行わせる。 2．点検中、諸系統及び諸装置について質問に答えさせる。	1．飛行規程等に定められた点検ができること。 2．点検中、積載物を含め安全に対する配慮がなされていること。 3．質問事項に概ね答えられること。

3．空港等及び場周経路における運航

（目　的）
　　空港等及び場周経路における運航について判定する。

番　号	科　目	実　施　要　領	判　定　基　準
3－1	始動・試運転	始動及び試運転を行わせる。	1．チェックリストの使用を含む、飛行規程等に定められた手順のとおり始動及び試運転が実施でき、出発前の確認を完了できること。 2．制限事項を守れること。
3－2	地上滑走（水上滑走）	1．管制機関等の指示又は許可に基づいて地上滑走を行わせる。 2．水上機の場合は、次の項目を行わせる。 　(1)　追い風、横風中の滑走 　(2)　風下側への旋回、漂流及びブイ埠頭へのドッキング	1．他機や障害物など周辺の状況を考慮し、適切な速度及び出力で滑走できること。 2．他機(特に大型機)の後方を通過する場合に、安全に対する配慮を行えること。 3．水上機の場合 　風、潮流を考慮して、安全に滑走、漂流、ドッキングができること。
3－3	場周飛行及び後方乱気流の回避	所定の方式に従って場周経路を飛行させる。	1．場周経路を先行機と適切な間隔を設定して飛行できること。 2．飛行中の諸元は、 　高度は±100フィート 　速度は±10ノット 　以内の変化であること。

- 186 -

自家用（1人）

4．各種離陸及び着陸並びに着陸復行及び離陸中止

（目　的）

　　各種離陸（離水）及び着陸（着水）並びに着陸（着水）復行及び離陸中止について判定
する。

番　号	科　目	実　施　要　領	判　定　基　準
4－1	離陸及び横風中の離陸（離水）上昇	1．所定の方式により通常の離陸及び横風中の離陸を行わせる。 2．水上機の場合は、向かい風及び軽微な横風中の離水のほか、可能ならばうねりのある水面からの離水を行わせる。	1．横風を修正し、滑走路の中心線及び延長線上を概ね維持しながら離陸、上昇できること。 2．上昇速度は±10ノット以内の変化であること。
4－2	通常及び横風中の進入・着陸（着水）	1．所定の方式により通常の進入着陸（着水）及び横風中の進入着陸（着水）を行わせる。 2．最終進入速度は所定の形態における失速速度の1.3倍か、製造者が設定した速度とする。	1．所定の経路を安全に進入できること。 2．突風成分を修正した進入速度を設定できること。 3．進入速度は、 　　＋10ノット 　　－5ノット 　　以内の変化であること。 4．接地点付近に安全な姿勢で接地できること。 5．横滑り状態で接地（接水）したり、接地（接水）後著しく方向を偏位させないこと。
4－3	短距離離陸	1．製造者の定めたフラップ角を使用させる。 2．離陸滑走中、最良上昇角速度に達すると同時に浮揚させる。 3．対地高度200フィートまで最良上昇角速度を維持した後、通常の上昇を行わせる。	（4－1）に同じ。
4－4	短距離着陸	1．パワーを使用し通常よりやや大きい一定の降下角で進入させる。 2．操縦可能な最少速度で接地させる。 3．製造者の定めた方法により効果的に制動し停止させる。	1．製造者の定めた方法により制動操作ができること。 2．その他（4－2）に同じ。

- 187 -

番 号	科 目	実 施 要 領	判 定 基 準
4－5			
4－6	着陸（着水）復行	通常の着陸進入中、対地高度50フィート以下で着陸（着水）復行を指示し着陸（着水）復行を行わせる。	1．機を失せず安全に復行操作ができること。 2．横風を修正し、概ね滑走路の中心線及び延長線上を安全に上昇できること。 3．上昇速度は±5ノット以内の変化であること。
4－7	離陸中止	離陸中、航空機の浮揚前に発動機が不作動になった場合を想定し離陸を中止させる。 （注）口述で行う。	質問事項に概ね答えられること。

- 188 -

自家用（1人）

5．基本的な計器による飛行

5－1．基本的な計器による飛行

番　号	科　目	実　施　要　領	判　定　基　準
5－1 －1 ～ 5－1 －3			

- 189 -

5－2．計器飛行方式による飛行

（目　的）
　　　計器飛行による操作について判定する。

（注）計器飛行証明を有し、単発機のみの限定を有する者が多発機で受験する場合に行う。

番　号	科　目	実　施　要　領	判　定　基　準
5－2 －1	進入復行方式	所定の方式により1発動機模擬不作動状態でILS進入を行い、決心高度において外部視認不可能な状況を想定して進入復行を行わせる。 　（注）（9－1）のうち（計器飛行証明を有し多発機で受験する場合）と組み合わせて行うことができる。	1.決心高度で速やかに復行操作を開始し、所定の方式に従って飛行できること。 2.直線上昇中、航跡は概ねローカライザーの延長線上にあること。 3.速度は1発動機不作動時の最良上昇率速度から±5ノット以内の変化であること。

- 190 -

自家用（1人）

6．外部視認目標を利用した飛行を含む空中操作及び型式の特性に応じた飛行

（目　的）
　　飛行姿勢、速度、出力の変化を伴う各種操作あるいは型式固有の特性に応じた操作について判定する。

番　号	科　目	実　施　要　領	判　定　基　準
6－1 ～ 6－4			
6－5	型式特性に応じた操作	型式ごとに別途設定する。	型式の特性に応じた操作ができること。

- 191 -

7．野外飛行			
番　号	科　目	実　施　要　領	判　定　基　準
7－1 〜 7－3			

自家用（1人）

8．飛行全般にわたる通常時の操作

（目　的）
　　飛行全般にわたり航空機の通常操作について判定する。

番　号	科　目	実　施　要　領	判　定　基　準
8－1	通常操作	規程等に定められた手順等に従って通常操作を行わせる。	規程等に従った操作ができること。

9．異常時及び緊急時の操作

（目　的）

　　　緊急状態となった場合の操作手順及び判断力について判定する。

（注）1．計器飛行証明を有し、単発機のみの限定を有する者が多発機で受験する場合、
　　　　（9－1）のうち（計器飛行証明を有し多発機で受験する場合）は模擬計器飛行に
　　　　より行う。
　　　2．単発機は、（9－4）以降を行わない。

番　号	科　目	実　施　要　領	判　定　基　準
9－1	発動機の故障	（単発機） 1．飛行中、予告なしに発動機を模擬不作動状態とする。 2．再始動を試みたが再始動出来ない状況あるいは、再始動しない決定がなされた想定のもとに適宜不時着場を選定し進入させる。 3．空港等以外の場所でこの科目を行う場合は、最低安全高度まで進入させ、不時着の成否を判定し科目を終了する。	1．最良滑空速度を維持し、適切な不時着場を選定できること。 2．管制機関との連絡ができること。（模擬により試験官に行う。） 3．不時着が可能な目測で進入できること。 4．誤操作等により他の緊急事態を誘発させないこと。
		（多発機） 1．飛行中、予告なしに1発動機を模擬不作動状態とする。 2．再始動を試みたが再始動出来ない状況あるいは、再始動しない決定がなされた状況を与える。 3．1発動機模擬不作動状態（ゼロスラスト）として水平直線飛行、傾斜角20度～30度での左右90度旋回及び指定高度への上昇、降下を行わせる。 4．1発動機模擬不作動状態で次の操作を行わせる。 　（1）脚下げ 　（2）フラップ下げ 　（3）キャブレターヒーターの使用	1．1発動機模擬不作動の状況を与えてから、発動機の模擬停止操作を完了するまでの諸元は、 　高度は±100フィート 　針路は±20度 　以内の変化であること。 2．飛行中の諸元は、 　高度は±100フィート 　速度は1発動機不作動時の最良上昇率速度から±5ノット 　針路は±10度 　以内の変化であること。 3．不安定な姿勢にならないこと。

自家用（1人）

番　号	科　目	実　施　要　領	判　定　基　準
9－1 続き		（計器飛行証明を有し多発機で受験する場合） 1．飛行中、予告なしに1発動機を模擬不作動状態とする。 2．再始動を試みたが再始動出来ない状況あるいは、再始動しない決定がなされた状況を与える。 3．1発動機模擬不作動状態（ゼロスラスト）として直線飛行、傾斜角20度～30度で指定針路への左又は右旋回及び指定高度への上昇又は降下を行わせる。 4．1発動機模擬不作動状態で次の操作を行わせる。 　（1）脚下げ 　（2）フラップ下げ 　（3）キャブレターヒーターの使用 （注）（5－2－1）と組み合わせて行うことができる。	1．1発動機模擬不作動の状況を与えてから、発動機の模擬停止操作を完了するまでの諸元は、 　高度は±100フィート 　針路は±20度 　以内の変化であること。 2．飛行中の諸元は、 　高度は±100フィート 　針路は±10度 　以内の変化であること。 　速度は1発動機不作動時の最良上昇率速度以上の安全な速度であること。 3．不安定な姿勢にならないこと。
9－2	諸系統又は装置の故障	次の系統又は装置のうち、3系統以上について故障時の操作を行わせる。 1．操縦系統 2．着陸装置 3．発動機 4．燃料・滑油・ハイドロ系統 5．電気系統 6．航法装置 7．ピトー・スタティック系統 8．防除氷装置 9．与圧装置（装備している場合に限る。） 10．その他（火災・煙の制御を含む。） （注）口述により行うことができる。	緊急事態の内容を的確に判断し、チェックリストの使用を含む、所定の手順ができること。

番 号	科 目	実 施 要 領	判 定 基 準
9−3	離陸中の発動機故障	（単発機） 1．離陸直後に発動機故障になった場合の想定を与える。 2．対地高度500フィート未満で行う場合には口述により処置を確認し、それ以上の高度では降下姿勢の確立及び不時着場の選定を行わせる。	1．安全な降下姿勢を確立できること。 2．適切な不時着場を選定できること。 3．離陸中の発動機故障の処置について理解していること。
		（多発機） 飛行機の性能、滑走路の長さと路面の状態、風向・風速及び安全性に影響のある他の要素を考慮し、次により少なくとも1回は離陸中の1発動機故障に対応した操作を行わせる。 （注）必要な場合に備えて、発動機は模擬不作動とするが、その他についてはできるだけ実際に発動機が停止した場合の状況を設定する。 1．1発動機を模擬不作動としたときの速度が1発動機不作動時の最良上昇角速度未満であれば1発動機不作動時の最良上昇角速度に増速して離陸を継続し、障害物を越えた後、1発動機不作動時の最良上昇率速度に増速して上昇させる。 2．1発動機を模擬不作動としたときの速度が1発動機不作動時の最良上昇角速度以上であればその速度で離陸を継続し、障害物を越えた後、1発動機不作動時の最良上昇率速度に増速して上昇させる。	1．離陸継続の判断、操作が速やかにできること。 2．上昇飛行中の諸元は、 　　速度は±5ノット 　　針路は±10度 　　以内の変化であること。 3．不安定な姿勢にならないこと。
9−4	1発動機不作動時の進入・着陸	1発動機を、次により模擬不作動状態として進入し、着陸させる。 1．フェザリングプロペラを装備している場合はプロペラがフェザーとなった場合と同等の抵抗となるよう出力を設定する。 2．フェザリングプロペラを装備していない場合は発動機を緩速状態とする。	1．引起し開始前にV_{MC}未満の速度としないこと。 2．過度に滑らせないこと。 3．その他（4−2）に同じ。

- 196 -

自家用（1人）

番　号	科　目	実　施　要　領	判　定　基　準
9－5	V_{MC}による飛行	1．V_{SSE}より10ノット以上多い速度までに脚上げ、フラップ離陸位置及び、臨界発動機を模擬不作動、他の作動発動機を離陸又は上昇出力とした上昇姿勢を確立させる。 2．機首上げにより、1秒に1ノット程度の減速率でV_{MC}近くまで徐々に速度を減じ、方向操縦性が失われていく過程での操縦を行わせる。 3．方向保持が不可能となる直前に機首を下げながら作動発動機側出力を必要量だけ徐々に減ずることにより回復操作を行わせる。 （注）1．V_{MC}より失速速度が大きい場合は失速の兆候が起こる前に回復操作を開始する。 　　　2．回復操作は模擬不作動発動機の出力を増すことによって行ってはならない。 　　　3．高度に余裕をもって行う。	1．方向操縦性が失われていく過程で、ラダー操作と作動発動機側への5度以内の傾斜角により方向保持ができること。 2．方向操縦性が完全に失われる前に、適切な回復操作ができること。

10. 航空交通管制機関等との連絡

（目　的）
　　航空交通管制機関等との連絡について判定する。

番　号	科　目	実　施　要　領	判　定　基　準
10－1	管制機関等との連絡	所定の方法により管制機関等と無線電話により交信し、必要な情報及び許可を受けさせる。	1．ＡＴＣ用語を理解し、使用できること。 2．所定の方法により交信でき、必要な情報及び許可を入手できること。 3．管制機関の指示に違反し又は必要な許可を受けないで運航しないこと。

自家用（１人）

11．総合能力

（目　的）
　　　実地試験の全般にわたり規程類を遵守し、積極性を持ち、航空機及びその運航の状況を
　　正しく認識して飛行を遂行できる自家用操縦士としての総合能力について判定する。

番　号	科　目	判　定　要　領	判　定　基　準
11－1	計画・判断力	飛行全般にわたって、先見性をもって飛行を計画する能力及び変化する各種の状況下において、適切に判断できる能力について判定する。	事後の操縦操作を予測して安全に飛行を継続するとともに、予期される危険を回避できること。
11－2	状況認識	1．状況を認識し業務を管理する能力について判定する。 2．状況認識性について判定する。	1．現在の状況を認識し安全に飛行できること。 2．積極性を持ち、状況を認識できること。
11－3	規則の遵守	運航に必要な規則、規程類の遵守について判定する。	規則、規程類を遵守できること。

Ⅳ．実地試験成績報告書
実地試験成績報告書の様式は次のとおりとする。

実地試験成績報告書
（１人で操縦できる飛行機）

総合判定

① 受 験 者 調 書				
ふりがな _____		□昭和　□平成　□西暦		
氏　　名		生年月日　　　　　年　　　月　　　日		
受験する資格	試 験 の 種 類	既得の技能証明・計器飛行証明の番号		
□自家用操縦士	□技能証明	_____ No. _____		
□事業用操縦士	□限定変更	_____ No. _____		
試　験　に　使　用　す　る　航　空　機				操縦練習許可書番号
等　　　級	型　　　　　式		国籍・登録記号	
□陸上　□単発機 □水上　□多発機	式　　　　　　　　型			No. _____
連　絡　先 （会社団体等）	電話番号			
学科試験合格	年　　　　月　　　　日　　　　受 験 地			

② 教 官 の 証 明
受験者　　　　　　は申請資格に係る飛行訓練装置による必要な訓練及び所定の技能を有していることを証明します。
教官の有する技能証明の資格と番号 _____　操縦士　　No. _____ 　　　　　　　　　　　　　　　　　　　　　　　操縦教育証明　　No. _____ 　　　　　年　　　月　　　日　　　　　　　　教官署名_____
受験者　　　　　　は申請資格に係る飛行経歴及び所定の技能を有していることを証明します。
教官の有する技能証明の資格と番号 _____　操縦士　　No. _____ 　　　　　　　　　　　　　　　　　　　　　　　操縦教育証明　　No. _____ 　　　　　年　　　月　　　日　　　　　　　　教官署名_____

③ 試 験 の 実 施	
実機	飛行訓練装置
期日　　年　　　月　　　日　　場所	期日　　年　　　月　　　日　　場所
試験官	試験官
特記事項	特記事項

１．受験者は、①受験者調書欄に所要事項を記入又はレ印を付すこと。
２．教官は、②教官の証明欄に所要事項を記入のうえ、試験官に提出すること。

自家用（1人）

成 績 表

試　験　科　目	自家用操縦士 技能証明	自家用操縦士 限定変更	事業用操縦士 技能証明	事業用操縦士 限定変更
口述試験				
1．運航に必要な知識				
1－1　一般知識				
1－2　航空機事項				
実技試験				
2．飛行前作業				
2－1　証明書・書類				
2－2　重量・重心位置等				
2－3　航空情報・気象情報				
2－4　飛行前点検				
3．空港等及び場周経路における運航				
3－1　始動・試運転				
3－2　地上滑走（水上滑走）				
3－3　場周飛行及び後方乱気流の回避				
4．各種離陸及び着陸並びに着陸復行及び離陸中止				
4－1　通常及び横風中の離陸（離水）上昇				
4－2　通常及び横風中の進入・着陸（着水）				
4－3　短距離離陸				
4－4　短距離着陸				
4－5　制限地着陸（多発機を除く。）				
4－6　着陸（着水）復行				
4－7　離陸中止				
5．基本的な計器による飛行				
5－1．基本的な計器による飛行				
5－1－1　基本操作				
5－1－2　レーダー誘導による飛行				
5－1－3　異常な姿勢からの回復				
5－2．計器飛行方式による飛行				
5－2－1　進入復行方式（単発機を除く。）				

試　験　科　目	自家用操縦士 技能証明	自家用操縦士 限定変更	事業用操縦士 技能証明	事業用操縦士 限定変更
6．外部視認目標を利用した飛行を含む空中操作及び型式の特性に応じた飛行				
6－1　低速飛行				
6－2　失速と回復操作				
6－3　急旋回				
6－4　螺旋降下　（多発機を除く。）				
6－5　型式特性に応じた操作				
7．野外飛行				
7－1　野外飛行計画				
7－2　野外飛行				
7－3　代替空港等への飛行				
8．飛行全般にわたる通常時の操作				
8－1　通常操作				
9．異常時及び緊急時の操作				
9－1　発動機の故障				
9－2　諸系統又は装置の故障				
9－4　1発動機不作動時の進入・着陸（単発機を除く。）				
9－5　V_{MC}による飛行（単発機を除く。）				
10．航空交通管制機関等との連絡				
10－1　管制機関等との連絡				
11．総合能力				
11－1　計画・判断力				
11－2　状況認識				
11－3　規則の遵守				

（注）1．計器飛行証明を有し、単発機のみの限定を有する者が多発機で受験する場合は、「9－1　発動機の故障」は模擬計器飛行により行う。
　　　2．計器飛行証明を有しない者は、「5－2－1　進入復行方式」は行わない。

附　則
　1．この操縦士実地試験実施細則は、平成26年4月1日から施行する。
　2．この操縦士実地試験実施細則の施行の日から6ヶ月を経過する日までは、従前どおりとすることができる。

空乗第２０３９号
平成10年３月20日
一部改正国空乗第２２２７号
平成13年２月28日
一部改正国空乗第２号
平成16年４月19日
一部改正国空乗第６０号
平成20年５月16日
一部改正国空乗第６３３号
平成23年３月28日
一部改正国空航第５５５号
平成25年11月８日

操縦士実地試験実施細則

計器飛行証明

（飛行機）

国土交通省航空局安全部運航安全課

計器飛行証明

Ⅰ．一般
1．計器飛行証明（飛行機）に係る実地試験を行う場合は、操縦士実地試験実施基準及びこの細則によるものとする。
2．実技試験において発動機を不作動として行うべき科目は、次の区分により行わせる。
　　2－1　実機による実技試験では全ての科目を模擬不作動状態で実施する。
　　2－2　模擬飛行装置又は飛行訓練装置（以下「模擬飛行装置等」という。）による実技試験では全ての科目を完全な不作動状態で実施する。
3．ILS進入における決心高度は、原則として接地帯標高に200フィートを加えた高さとする。
4．非精密進入における直線進入及び周回進入の最低降下高度は、試験に使用する航空機に適用される最低値とする。
5．試験官が必要と認めた場合であって、管制機関の承認を受けた場合は、公示された待機方式、進入方式及び進入復行方式以外の方式により飛行することができる。
6．フードの使用は、次のとおりとする。
　　6－1　フードの要件
　　　　6－1－1　着脱が容易であること。
　　　　6－1－2　試験実施中、装着状態が不安定とならないこと。
　　　　6－1－3　前方の地平線及び進入目標が完全に遮蔽された状態となること。
　　　　6－1－4　教官席からの視界を妨げないものであること。
　　6－2　フードの使用を開始及び終了すべき時期
　　　　6－2－1　フードの使用の開始時期は、試験官の指示によるものとする。
　　　　6－2－2　ILS進入に続いて着陸する場合は、航空機が決心高度に達する直前に終了
　　　　6－2－3　ILS進入に続いて進入復行を実施した場合は、航空機が進入復行方式において定められている旋回開始高度及び対地高度500フィートのうち、いずれか低い高度に達したときに終了
　　　　6－2－4　非精密進入による直線進入に続いて着陸する場合は、航空機が最低降下高度に100フィートを加えた高度以下であり、かつ目視降下点（目視降下点が設定されていないときはこれに相当する地点）から概ね900メートルの距離に達したときに終了
　　　　6－2－5　非精密進入に続いて周回進入を行う場合は、航空機が滑走路末端(進入灯又は進入灯台が設置されているときは当該灯火)から、概ね次表に掲げる距離に達したときに終了

- 205 -

アプローチカテゴリー	距離（メートル）
A	1,600
B	1,600
C	2,400
D	3,200

7．計器飛行方式による野外飛行を行う場合は、可能な限り有視界気象状態と計器気象状態の双方を想定した飛行を行わせるものとする。

8．試験官が必要と認めた場合は、野外飛行の一部の区間に限り、自動操縦装置、自動出力制御装置を使用して飛行させることができる。

9．「Ⅲ．実技試験」の実施要領に「口述」とあるのは、運航中、状況を模擬に設定し、その処置を口頭により説明させ、又は模擬操作を行わせることを意味する。

10．実技試験科目の一部を模擬飛行装置等により実施する場合には、当該試験プロファイル（気象状態の設定は10－2のとおりとする。）を事前に首席航空従事者試験官（地方局担当の試験にあっては先任航空従事者試験官）に示し了承を得るものとする。

10－1　使用する模擬飛行装置等は国土交通大臣の認定を受けたものであること。

10－2　ビジュアル装置を有する模擬飛行装置等の気象状態の設定は次のとおりとする。

　　10－2－1　計器飛行方式により離陸する場合は、実地試験に使用する空港施設の実際の設置状況にかかわらずRVR300メートルとする。

　　10－2－2　計器飛行方式により着陸する場合は、その進入方式の最低気象条件とする。但しILSによる進入は原則としてカテゴリーIILSの最低気象条件の最低値とする。

　　10－2－3　「Ⅲ．実技試験」の実施要領に「模擬計器飛行により行う。」とある場合は、飛行視程0メートルとする。

10－3　教官席で操作する者が模擬飛行装置等の環境設定を行う能力を有しない場合は、試験を停止し始めからやり直すものとする。

計器飛行証明

Ⅱ．口述試験

口述試験において行うべき科目の実施要領及び判定基準は、次表のとおりとする。

1．運航に必要な知識
（目　的） 　　計器飛行等による運航に必要な一般知識及び試験に使用する航空機の性能、運用限界等に関する知識について判定する。

番　号	科　目	実　施　要　領	判　定　基　準
1－1	一般知識	計器飛行等に係る次の事項について質問し、答えさせる。 1．計器飛行方式に関する諸規則 2．航空交通管制方式 3．航空保安施設の特性と利用法 4．捜索救難に関する規則 5．人間の能力及び限界に関する事項 6．その他運航に必要な事項（救急用具の取扱を含む。）	質問事項に正しく答えられること。
1－2	航空機事項	試験に使用する航空機について、計器飛行等に係る次の事項を質問し、答えさせる。 1．性能、諸元、運用限界等 2．諸系統及び諸装置 　　（故障した場合の処置を含む。） 　　(1)　操縦系統 　　(2)　防氷・除氷装置 　　(3)　計器飛行等に使用する計器、装置等 3．その他必要な事項	質問事項に正しく答えられること。

- 207 -

Ⅲ. 実技試験

実技試験において行うべき科目の実施要領及び判定基準は、次表のとおりとする。

2．飛行前作業			
（目　的） 　　飛行前に機長が行うべき確認事項の実施及び地上作業について判定する。			
（注）「2－1　証明書・書類」については判定しない。			
番　号	科　目	実　施　要　領	判　定　基　準
2－1	証明書・書類		
2－2	重量・重心位置等	1．試験に使用する航空機の重量及び重心位置を計算させ、質問に答えさせる。 2．燃料及び滑油の搭載量及びその品質について確認させ、質問に答えさせる。 （注）計算には、搭載用グラフ又は計算機を使用させることができる。	1．空虚重量、全備重量、搭載重量等の区分を正しく理解し、重量及び重心位置が許容範囲内にあることを確認できること。 2．燃料及び滑油について確認できること。 3．質問事項に正しく答えられること。
2－3	航空情報・気象情報	1．　必要な航空情報を入手させ、飛行に関連のある事項について説明させ、質問に答えさせる。 2．　必要な気象情報を入手させ、天気概況、空港等及び使用空域の実況及び予報について説明させ、質問に答えさせる。	1．航空情報を正しく理解できること。 2．天気図等を使用し、天気概況を正しく説明できること。 3．各種の気象通報式の解読が正しくできること。 4．航空情報、気象情報を総合的に検討し、飛行の可否が判断できること。 5．質問事項に正しく答えられること。

- 208 -

計器飛行証明

番　号	科　目	実　施　要　領	判　定　基　準
2－4	飛行前点検	1．外部点検及び内部点検を行わせる。 2．点検中、諸系統及び諸装置について質問に答えさせる。	1．飛行規程等に定められた所定の点検が正しくできること。 2．点検中、積載物を含め安全に対する配慮がなされていること。 3．質問事項に正しく答えられること。
2－5	始動・試運転	始動及び試運転を行わせる。	1．チェックリストの使用を含む、飛行規程等に定められた手順のとおり始動及び試運転が実施でき、出発前の確認を完了できること。 2．制限事項を厳守できること。
2－6	地上滑走（水上滑走）	1．管制機関等の指示又は許可に基づいて地上滑走を行わせる。 2．水上機の場合は、次の項目を行わせる。 (1) 追い風、横風中の滑走 (2) 風下側への旋回、漂流及びブイ埠頭へのドッキング	1．他機や障害物など周辺の状況を考慮し、適切な速度及び出力で滑走できること。 2．他機(特に大型機)の後方を通過する場合に、安全に対する配慮を行えること。 3．水上機の場合 　風、潮流を考慮して適正な経路が選定でき、正確に滑走、漂流、ドッキングができること。

- 209 -

3．基本的な計器による飛行

（目　的）
　　計器飛行の基本的な科目全般について判定する。

（注）　１．模擬計器飛行により行う。
　　　　２．飛行機の准定期運送用操縦士技能証明を有する者は（３－１）を行わない。

番　号	科　目	実　施　要　領	判　定　基　準
３－１	基本操作	次の順序で一連の科目を行わせる。 　１．巡航形態で左又は右の360度タイムド・ターン（水平旋回） 　２．巡航形態から進入形態へ移行 　３．右又は左の標準180度水平旋回 　４．昇降率毎分500フィートで、左又は右の標準180度上昇旋回に引続き右又は左の標準180度降下旋回 　　（注）　１．気象状態等により必要と認められる場合は、科目の順序を変更して行わせる。 　　　　　　２．タイムド・ターン以外は標準旋回を行わせる。	１．飛行中の諸元は、 　　高度は±100フィート 　　速度は±10ノット 　　針路は±10度（水平直線飛行時、旋回停止時） 　　以内の変化であること。 ２．昇降率は毎分±200フィート以内の変化であること。

計器飛行証明

番　号	科　目	実　施　要　領	判　定　基　準
3－2	異常な姿勢からの回復	1．航空機を異常な飛行姿勢としたのち、受験者にジャイロ式姿勢指示器及びジャイロ式方向指示器以外の計器を使用させ水平直線飛行状態に回復させる。 2．上記1の方法により回復ができない機体については、航空機を異常な飛行姿勢としたのち、補助のジャイロ式姿勢指示器を使用して水平直線飛行状態に回復させる。 （注）異常な飛行姿勢は、計器に対する注意の欠如、じょう乱又は不適切なトリムにより生ずるものを模して機首上げ及び機首下げ姿勢をそれぞれ行う。	1．適正な手順により、円滑に回復操作ができること。 2．運用限界速度を超えないこと。 3．失速させないこと。

- 211 -

4．空中操作及び型式の特性に応じた飛行

（目　的）
　　飛行姿勢、速度、出力の大きな変化を伴う各種操作及び型式固有の特性に応じた
　操作について判定する。

（注）模擬計器飛行により行う。

番　号	科　目	実　施　要　領	判　定　基　準
4－1	急旋回	傾斜角45度で360度旋回を左右連続して行わせる。	1．円滑で調和された操舵であること。 2．飛行中の諸元は、 　高度は±100フィート 　速度は±10ノット 　針路は±10度（旋回停止時、切り返し時） 　傾斜角は±5度 　以内の変化であること。
4－2	失速と回復操作	直線飛行中における初期失速からの回復操作を、着陸形態で行わせる。	1．失速の兆候を察知し、機を失せず的確な回復操作ができること。 2．2次失速を起こさないこと。 3．著しく不安定な姿勢とならないこと。 4．多発機は、左右の出力が不均衡にならないこと。
4－3	型式特性に応じた操作	型式ごとに別途設定する。	型式の特性に応じた正しい操作ができること。

計器飛行証明

5．計器飛行方式による飛行

（目　的）
　　計器飛行方式による飛行方法及び計器飛行による各種操作について判定する。

番　号	科　目	実 施 要 領	判 定 基 準
5－1	離陸時の計器飛行への移行	所定の方式に従って飛行させる。 （注）離陸は雲高100フィートの想定のもとに行う。	1．計器飛行へ円滑に移行し安定した離陸を継続できること。 2．上昇速度は±5ノット以内の変化であること。 3．適切な横風修正ができること。
5－2	標準的な計器出発方式及び計器到着方式	管制承認又は試験官から模擬管制承認を受け所定の方式に従って飛行させる。	1．航法装置等を適切に使用し所定の方式に従って正しく飛行できること。 2．トラッキングを行う場合は±5度以内の変化であること。
5－3	待機方式	所定の方式に従って待機フィックスに達したのち、1回以上待機経路を飛行させる。 （注）（6－3）と組み合わせて行うことができる。	1．待機経路へのエントリーが正しくできること。 2．待機経路を正しく飛行できること。 3．待機経路の諸元は、 　　高度は±100フィート 　　速度は±10ノット 　　以内の変化であること。

- 213 -

番 号	科 目	実 施 要 領	判 定 基 準
5－4	計器進入方式	（精密進入） 　所定の方式により、精密進入を行わせ着陸させる。ただし、ＰＡＲ進入を除く。	1．所定の経路を正しく飛行できること。 2．最終進入以前の諸元は、 　高度は±100フィート 　速度は±10ノット 　以内の変化であること。 3．最終進入中の諸元は、 　速度は±10ノット 　ローカライザーは1ドット 　グライドスロープは1ドット以内の 　変化であること。
		（非精密進入） 　運航者が選定する2種類以上の非精密進入の中からひとつを選択し非精密進入を行わせ着陸させる。ただし、ＡＤＦ進入及びレーダーベクターに引き続くＬＯＣ進入を除く。 （注）非精密進入実施中に、 　　　垂直方向ガイダンスを表 　　　示できる機体では、垂直 　　　方向ガイダンスを使用し 　　　ない方法又は方式で実施 　　　する。	1．所定の経路を正しく飛行できること。 2．最終進入以前の諸元は、 　高度は±100フィート 　速度は±10ノット 　以内の変化であること。 3．最終進入中の諸元は、 　速度は±10ノット 　トラッキングは、ＣＤＩの中心から右 　及び左のフルスケールまでのそれぞ 　れ1/2又はＲＭＩの±5度 　以内の変化であること。 4．［直線進入を行う場合］ 　　目視降下点又はこれに相当する地 　点を、最低降下高度に100フィートを 　加えた高度以下で通過できること。 　　［周回進入を行う場合］ 　　進入復行点までに最低降下高度に 　降下できること。 5．最低降下高度に到達後 　高度は＋50フィート 　　　　－20フィート 　以内の変化であること。

- 214 -

計器飛行証明

番　号	科　目	実　施　要　領	判　定　基　準
5－5	進入復行方式	所定の方式により精密進入（多発機は１発動機模擬不作動状態）を行い、決心高度において外部視認不可能な状況を想定して進入復行を行わせる。 （注）　（8－1）と組み合わせて行うことができる。	1．決心高度で速やかに復行操作を開始し、所定の方式に従って飛行できること。 2．進入復行中の諸元は、 　上昇中に高度指定のある場合は±100フィート 　針路又はコースは±10度 　以内の変化であること。 3．速度は１発動機不作動時の最良上昇率速度から±５ノット以内の変化であること。
5－6	計器進入からの着陸	最低気象条件に概ね対応する区域内で計器進入からの着陸を行わせる。 （注）　非精密進入に引き続き直線進入を行わせた場合は、別に周回進入経路を飛行させ着陸させる。	（精密進入から） 　目視による進入に移行後、適正な経路を継続して飛行し、安定した着陸ができること。 （非精密進入から） ［直線進入を行う場合］ 1．目視による進入に移行後滑走路延長線上へアラインし、適正な降下角で進入を開始できること。 2．適正な経路を維持し、安定した着陸ができること。 ［周回進入を行う場合］ 3．傾斜角は30度を超えないこと。 4．周回進入中の諸元は、 　高度は±50フィート 　速度は±10ノット 　以内の変化であること。 5．著しく広い経路にならないこと。 （次ページへ続く）

- 215 -

番 号	科 目	実 施 要 領	判 定 基 準
5－6 続き			6．最終進入において蛇行したり降下角が 　不安定にならないこと。 7．安定した着陸ができること。

計器飛行証明

6．計器飛行方式による野外飛行

（目　的）
　　計器飛行方式による野外飛行計画の作成及び野外飛行について判定する。

（注）異なる種類の航空機において計器飛行証明を有する者は行わない。

番　号	科　目	実　施　要　領	判　定　基　準
6－1	野外飛行計画	1．受験者に出発空港等と異なる目的空港等を指定して、計器飛行方式による野外飛行計画を作成させる。この野外飛行計画は巡航速度で1時間以上の航程とする。 2．受験者は、気象情報、航空情報を入手し、野外飛行計画を作成する。 3．受験者が作成した野外飛行計画を点検し、必要な事項について質問に答えさせる。	1．正確な野外飛行計画を30分以内に作成できること。 2．適切な高度、経路及び代替空港等を選定できること。 3．必要な航法諸元を迅速且つ正確に算出できること。 4．じょう乱・凍結等飛行障害現象の存在を予測できること。 5．無線航法図、計器進入図を正しく利用できること。 6．離陸、着陸及び代替空港等における最低気象条件等の適用について正しく理解していること。 7．質問事項に正しく答えられること。

- 217 -

番　号	科　目	実 施 要 領	判 定 基 準
6－2	計器飛行方式による野外飛行	1．管制承認に従って飛行を開始させる。 2．飛行中、受験者に対地速度、予定到着時刻等航法諸元の算出を行わせる。	1．管制承認の受領、位置通報等が円滑かつ確実にできること。 2．所定の経路を正しく飛行できること。 3．飛行中所要の情報を入手し、有効に利用できること。 4．真対気速度、予定到着時刻を適宜点検し、必要な場合は速やかに訂正の通報ができること。 5．航空保安施設を有効に利用できること。 6．気象状況等の変化に応じ適宜高度、経路を変更できること。 7．巡航中の高度は±200フィート以内の変化であること。
6－3	代替空港等への飛行	目的地に着陸できない状況を設定し、代替空港等へ飛行する場合の手順、経路、高度の選定等、必要な事項について受験者に説明させる。 （注）（5－3）と組み合わせて行うことができる。	1．適切な経路及び高度を選定できること。 2．目的空港等及び代替空港等の飛行方式、最低気象条件等を説明できること。

- 218 -

計器飛行証明

7．飛行全般にわたる通常時の操作			
番　号	科　目	実　施　要　領	判　定　基　準

8．異常時及び緊急時の操作

（目　的）
　　緊急状態となった場合の操作手順及び判断力について判定する。

（注）　1．模擬計器飛行により行う。
　　　　2．単発機は（8－1）を行わない。

番　号	科　目	実　施　要　領	判　定　基　準
8－1	発動機の故障	1．飛行中、予告なしに1発動機を模擬不作動状態とする。 2．再始動を試みたが再始動出来ない状況あるいは、再始動しない決定がなされた状況を与える。 3．1発動機模擬不作動状態（ゼロスラスト）として直線飛行、傾斜角20度〜30度で指定針路への左又は右旋回及び指定高度への上昇又は降下を行わせる。 4．1発動機模擬不作動状態で次の操作を行わせる。 　(1)　脚下げ 　(2)　フラップ下げ 　(3)　キャブレターヒーターの使用 　(注)　（5－5）と組み合わせて行うことができる。	1．1発動機模擬不作動の状況を与えてから、発動機の停止操作を完了するまでの諸元は、 　　高度は±100フィート 　　針路は±20度 　　以内の変化であること。 2．飛行中の諸元は、 　　高度は±100フィート 　　針路は±10度(直線飛行時、旋回停止時) 　　以内の変化であること。 　　速度は1発動機不作動時の最良上昇率速度以上の安全な速度であること。 3．不安定な姿勢にならないこと。

- 220 -

計器飛行証明

番　号	科　目	実　施　要　領	判　定　基　準
8−2			
8−3	諸系統又は装置の故障	1．計器飛行方式による飛行中、受験者に無線機故障の状況を与え、その処置について説明させる。 2．計器飛行において次の系統又は装置のうち、2系統以上について故障時の操作を行わせる。 (1)　操縦系統 (2)　発動機 (3)　着陸装置、高揚力装置 (4)　電気系統 (5)　燃料系統、滑油系統 (6)　油圧系統 (7)　防除氷系統 (8)　ピトー・スタティック系統 (9)　与圧系統 (10)　計器飛行等に使用する計器、装置等 (11)　その他（火災・煙の制御を含む。） （注）　口述により行うことができる。	緊急事態の内容を的確に判断し、チェックリストの使用を含む所定の手順に従って速やかに処置できること。

- 221 -

9．航空交通管制機関等との連絡

（目　的）
　　航空交通管制機関等との連絡について判定する。

番　号	科　目	実　施　要　領	判　定　基　準
9－1	管制機関等との連絡	所定の方法により管制機関等と無線電話により交信し、必要な情報及び許可を受けさせる。	1．ＡＴＣ用語を正しく理解し、使用できること。 2．所定の方法により円滑に交信でき、必要な情報及び許可を入手できること。 3．管制機関の指示あるいは許可に従って運航できること。

計器飛行証明

10. 航空機乗組員間の連携

番　号	科　目	実　施　要　領	判　定　基　準

11. 総合能力

（目 的）

実技試験の全般にわたり規則類を遵守し、積極性を持ち、航空機及びその運航の状況を正しく認識して業務を遂行できることを評価し、計器飛行及び計器飛行方式による飛行を実施する能力を総合的に判定する。

番 号	科 目	判 定 要 領	判 定 基 準
11－1	計画・判断力	飛行全般にわたって、先見性をもって飛行を計画する能力及び変化する各種の状況下において適切に判断できる能力について判定する。	事後の操縦操作を予測して安全に飛行を継続するとともに、不測の事態に備え、予期される危険を回避できること。
11－2	状況認識	1．状況を認識し業務を管理する能力について判定する。 2．状況認識性について判定する。	1．現在の状況を正しく認識し安全に業務を実施できること。 2．積極性を持ち、状況を正しく認識できること。
11－3			
11－4	規則の遵守	運航に必要な規則、規程類の遵守について判定する。	規則、規程類を遵守できること。

IV. 実技試験の一部を模擬飛行装置等を使用して行う場合の実機と模擬飛行装置等との使用区分

実技試験の一部を模擬飛行装置等を使用して行う場合の実機と模擬飛行装置等との使用区分は次のとおりとする。

ただし、実機による試験で行った操作は、模擬飛行装置等で実施済の科目であっても評価の対象とする。

また試験官は、模擬飛行装置等の性能等から必要と認めたときは、使用区分の一部を変更して行うことができる。

科目	飛行訓練装置						模擬飛行装置			
	1	2	3	4	5	6	A	B	C	D
2. 飛行前作業										
2－5 始動・試運転		F(注2)	F	F(注2)	F(注2)	F	S	S	S	S
2－6 地上滑走（水上滑走）		A	A	A	A	A	A	A	B	B
3. 基本的な計器による飛行										
3－1 基本操作		A	F	A	A	F	S	S	S	S
3－2 異常な姿勢からの回復		A	A/F	A	A	A/F	S	S	S	S
4. 空中操作及び型式の特性に応じた飛行										
4－1 急旋回		A	A/F	A	A	A/F	S	S	S	S
4－2 失速と回復操作		A	A/F	A	A	A/F	S	S	S	S
4－3 型式特性に応じた操作		A	A/F	A	A	A/F	A/S	A/S	A/S	A/S
5. 計器飛行方式による飛行										
5－1 離陸時の計器飛行への移行		A	F(注1)	A	A	F(注1)	S	S	S	S
5－2 標準的な計器出発方式及び計器到着方式		A	F	A	A	F	S	S	S	S
5－3 待機方式		A	F	A	A	F	S	S	S	S
5－4 計器進入方式		A	B(注3)	A	A	B(注3)	B	B	B	B
5－5 進入復行方式		A	A/F(注3)	A	A	A/F(注3)	S	S	S	S
5－6 計器進入からの着陸		A	A	A	A	A	B	B	B	B
6. 計器飛行方式による野外飛行　全科目		A	A	A	A	A	A	A	A	A
8. 異常時及び緊急時の操作										
8－1 発動機の故障		A	A	A	A	A	S	S	S	S
8－2 諸系統又は装置の故障		F(注2)	F	F(注2)	(注2)	F	S	S	S	S
9. 航空交通管制機関等との連絡　全科目		B	B	B	B	B	B	B	B	B
11. 総合能力　全科目		B	B	B	B	B	B	B	B	B

記号の意味　A：実機で行う科目
　　　　　　B：実機と模擬飛行装置等の両方で行う科目
　　　　　　S：模擬飛行装置で行うことのできる科目
　　　　　　F：飛行訓練装置で行うことのできる科目
　　　　　　A／S：実機又は模擬飛行装置のいずれかで行う科目
　　　　　　A／F：実機又は飛行訓練装置のいずれかで行う科目

（注1）：適切なビジュアルシステムを有するものに限る。
（注2）：適切に装備されたものに限る。
（注3）：1発動機不作動時の科目は実機に限る。

備考

Ⅴ．実地試験成績報告書

実地試験成績報告書の様式は次のとおりとする。

実地試験成績報告書

（計器飛行証明）

総合判定

① 受　験　者　調　書

ふりがな _____ 氏　名	□昭和　□平成　□西暦 生年月日　　　　年　　　月　　　日

受験する航空機の種類	□飛行機　　　□回転翼航空機　　　□飛行船	既得の技能証明の番号 _____ No. _____
試　験　に　使　用　す　る　航　空　機		_____ No. _____
等　　　　級	型　　　　式　　　　　　国籍・登録記号	
□陸上 □単発(機) □ﾋﾟｽﾄﾝ機 □水上 □多発(機) □ﾀｰﾋﾞﾝ機	式　　　　　　　　型	_____ No. _____

連　絡　先 (会社団体等)		電話番号
学科試験合格	年　　　月　　　日　　　受　験　地	

② 教　官　の　証　明

受験者　　　　　　　は計器飛行証明に係る模擬飛行装置又は飛行訓練装置による必要な訓練及び
所定の技能を有していることを証明します。

教官の有する技能証明の資格と番号 _____ 操縦士　　No. _____

計器飛行証明　　No. _____

操縦教育証明　　No. _____

　　　年　　　月　　　日　　　教官署名_____

受験者　　　　　　　は計器飛行証明に係る必要な訓練及び所定の技能を有していることを証明
します。

教官の有する技能証明の資格と番号 _____ 操縦士　　No. _____

計器飛行証明　　No. _____

操縦教育証明　　No. _____

　　　年　　　月　　　日　　　教官署名_____

③ 試　験　の　実　施

模擬飛行装置又は飛行訓練装置	実機
期日　　　年　　月　　日　場所	期日　　　年　　月　　日　場所
試験官	試験官
特記事項	特記事項

1．受験者は、①受験者調書欄に所要事項を記入又は✓印を付すこと。
2．教官は、②教官の証明欄に所要事項を記入のうえ、試験官に提出すること。

計器飛行証明

成　績　表

試　験　科　目	判　　　　　　定		
	飛　行　機	回転翼航空機	飛　行　船
口述試験			
1．運航に必要な知識			
1－1　一般知識			
1－2　航空機事項			
実技試験			
2．飛行前作業			
2－1　証明書・書類			
2－2　重量・重心位置等			
2－3　航空情報・気象情報			
2－4　飛行前点検			
2－5　始動・試運転			
2－6　地上滑走（水上滑走）			
3．基本的な計器による飛行			
3－1　基本操作			
3－2　異常な姿勢からの回復			
4．空中操作及び型式の特性に応じた飛行			
4－1　急旋回			
4－2　失速と回復操作			
4－3　型式特性に応じた操作			
5．計器飛行方式による飛行			
5－1　離陸時の計器飛行への移行			
5－2　標準的な計器出発方式及び計器到着方式			
5－3　待機方式			
5－4　計器進入方式　精密進入			
非精密進入			
5－5　進入復行方式			
5－6　計器進入からの着陸　精密進入			
非精密進入　直線進入			
周回進入			
周回進入			
6．計器飛行方式による野外飛行			
6－1　野外飛行計画			
6－2　計器飛行方式による野外飛行			
6－3　代替空港等への飛行			
7．飛行全般にわたる通常時の操作			
7－1　飛行状況の管理			
7－2　防除氷系統の使用			
7－3　自動操縦系統等の使用			
7－4　自動又は他の進入援助系統の使用			
7－5　情報処理装置等の使用			
7－6　その他の系統・装置の使用			
8．異常時及び緊急時の操作			
8－1　発動機の故障			
8－2　フリーバルーン			
8－3　諸系統又は装置の故障			
9．航空交通管制機関等との連絡			
9－1　管制機関等との連絡			
10．航空機乗組員間の連携			
10－1　乗組員間の連携等			
10－2　飛行状況の確認			
10－3　通常操作及び異常・緊急操作			
11．総合能力			
11－1　計画・判断力			
11－2　状況認識			
11－3　指揮統率・協調性			
11－4　規則の遵守			

附　則
（施行期日）
1．この操縦士実地試験実施細則は、平成26年4月1日から施行する。
2．この操縦士実地試験実施細則の施行の日から6ヶ月を経過する日までは、従前どおりとすることができる。

空乗第２０３９号
平成10年３月20日
一部改正国空乗第２２２７号
平成13年２月28日
一部改正国空乗第２号
平成16年４月19日
一部改正国空乗第６０号
平成20年５月16日
一部改正国空航第８２６号
平成24年３月28日
一部改正国空航第５５５号
平成25年11月8日

操縦士実地試験実施細則

操縦教育証明

（飛行機）

国土交通省航空局安全部運航安全課

教育証明

Ⅰ．一般

1．操縦教育証明（飛行機）に係る実地試験を行う場合は、操縦士実地試験実施基準及びこの細則によるものとする。

2．航空法施行規則第64条の2に定める操縦教育証明に付す条件については、「操縦に2人を要する飛行機に同乗して教育を行う場合に限る」（英文表記 ： 「Only valid for flight instruction in aeroplane that require at least two pilots」）とする。

3．操縦教育証明に付す条件の有無及び条件の解除については、実地試験において使用する飛行機により次のとおりとする。

 3－1 　1人で操縦できる飛行機を使用する場合は、条件無しとする。

 3－2 　操縦に2人を要する飛行機を使用する場合は、条件有りとする。

 3－3 　条件を付された操縦教育証明を有する者が条件を解除する場合は、1人で操縦できる飛行機を使用するものとする。

4．実技試験の一部を模擬飛行装置又は飛行訓練装置（以下「模擬飛行装置等」という。）を使用して行う場合の実施要領は次のとおりとする。

 4－1 　使用する模擬飛行装置等は国土交通大臣の認定を受けたものであること。

 4－2 　ビジュアル装置を有する模擬飛行装置等の気象状態の設定は有視界気象状態とする。

 4－3 　教官席で操作する者が模擬飛行装置等の環境設定を行う能力を有しない場合は、試験を停止し始めからやり直すものとする。

Ⅱ．操縦教育証明実地試験（1人で操縦できる飛行機）

Ⅱ－1．口述試験

口述試験において行うべき科目の実施要領及び判定基準は、次表のとおりとする。

1．一般知識

(目　的)
　　法規、工学、気象等の学科教育に必要な知識について判定する。

(注) 飛行機に係る事業用操縦士以上の技能証明、又は飛行機に係る自家用操縦士及び准定期運送用操縦士の技能証明を有する者は実施しない。

番　号	科　目	実　施　要　領	判　定　基　準
1－1	一般知識	次の科目について質問し答えさせる。 1．航空法規 2．航空交通管制 3．航空工学（航空機の性能、運用限界等を含む。） 4．航空気象 5．空中航法	各科目について事業用操縦士と同等の知識を有していること。

教育証明

2．教育要領			
（目　的）			
操縦教育に必要な基本的知識について判定する。			

番　号	科　目	実　施　要　領	判　定　基　準
2－1	操縦教員	技能証明制度の概要及び操縦教員の法律上の位置づけと役割並びに操縦教育の目的について質問に答えさせ、又は説明させる。	質問事項に正しく答えられ、又は説明できること。
2－2	訓練計画	1．自家用操縦士技能証明取得訓練コース又は事業用操縦士技能証明取得訓練コースを指定し、受験者に訓練計画を提出させる。 2．訓練計画を点検し、次の事項について質問に答えさせ、又は説明させる。 　(1) 基準及び目的の設定 　(2) 学習ブロックの確認 　(3) 訓練シラバス 　(4) レッスン・プラン 　(5) その他必要な事項	1．適切な訓練計画を作成できること。 2．質問事項に正しく答えられ、又は説明できること。
2－3	操縦教育	1．次の科目の中から3つ以上指定し、試験官を練習生と仮定して教育を行わせる。また練習生に教育する場合の要点について質問に答えさせ、又は説明させる。 　(1) 航空法規 　(2) 航空交通管制 　(3) 航空工学（航空機の性能、運用限界等を含む。） 　(4) 航空気象 　(5) 空中航法 2．操縦練習科目を練習生に教育する場合の目的、実施要領及び要点について質問に答えさせ、又は説明させる。	1．各科目について操縦教員として教育する場合の要点を的確に把握し、明確に説明できること。 2．操縦練習科目を正しく理解し的確に説明できること。 3．質問事項に正しく答えられ、又は説明できること。

- 233 -

3．安全対策

（目　的）
操縦教育を行う上で必要な安全に関する知識について判定する。

番　号	科　目	実　施　要　領	判　定　基　準
3－1	単独飛行の安全基準	単独飛行に係る安全基準(飛行機)について質問に答えさせ、又は説明させる。	質問事項に正しく答えられ、又は説明できること。
3－2	見張りと衝突回避	次の事項について質問に答えさせ、又は説明させる。 1．操縦練習の初期の段階から練習生に対して適切な見張りと衝突回避の習慣を形成するための教育を行うことの重要性 2．見張りと衝突回避についての視覚、知覚	質問事項に正しく答えられ、又は説明できること。

- 234 -

教育証明

Ⅱ－2．実技試験

実技試験において行うべき科目の実施要領及び判定基準は、次表のとおりとする。

4．操縦練習			
（目　的） 訓練計画の作成、実技指導等を行わせ、操縦教員としての実技指導能力について判定する。			

番　号	科　目	実　施　要　領	判　定　基　準
4－1	出発前の確認	出発前に機長が確認すべき事項とその実施要領等について質問に答えさせ、又は説明させる。	質問事項に正しく答えられ、又は説明できること。
4－2	訓練計画の作成	1．練習生の飛行経歴及び技能レベルを受験者に示したうえ、実技指導を行うべき科目を指定し、訓練計画を作成させる。 （注）（4－4）の科目から指定する。 2．訓練計画を点検し、質問に答えさせる。	1．適切な訓練計画を作成できること。 2．質問事項に正しく答えられること。
4－3	飛行前のブリーフィング	訓練計画に基づき、試験官を練習生と仮定して飛行前のブリーフィングを行わせる。	飛行前のブリーフィングが的確にできること。

番　号	科　目	実　施　要　領	判　定　基　準
4－4	実技指導及び模範実技	（実技指導） 　基本的な操縦技術（水平直線飛行、旋回、上昇・降下、加減速及びトリムの使用法）及び指定した科目について、試験官を練習生と仮定して実技指導を行わせる。 （模範実技） 　科目を指定し模範実技を行わせる。 （注）　科目は、事業用操縦士及び自家用操縦士に係る実地試験の科目から指定する。模範実技の科目に次の科目を追加する。 （1）エキセッシブバックプレッシャーストール、セカンダリーストール、エレベータートリムタブストールのうちいずれか1つ （2）フラップ上げ状態での着陸、横滑りからの着陸のうちいずれか1つ （3）S字旋回、道路に対する8字飛行、地点目標を中心とした旋回、エイトアラウンドパイロンのうちいずれか1つ （4）シャンデル、レージーエイトのうちいずれか1つ	（実技指導） 　各科目の指導の要点を把握し、実技指導が的確にできること。 （模範実技） 1．操縦技量は、細則及びⅤ．追加模範実技科目に定める判定基準以上であること。 2．柔軟、円滑な操作であること。 3．各科目の要点を的確に説明しながら操作できること。
4－5	飛行後のブリーフィング	試験官を練習生と仮定して飛行後のブリーフィングを行わせる。 1．行った科目の評価、不十分な点の指摘及びその矯正のための方法 2．今後の操縦練習において注意すべき事項	飛行後のブリーフィングが的確にできること。

教育証明

5．総合能力

（目　的）

　　実地試験全般にわたって教育技法、教育態度等を確認し、操縦教員としての教育能力を総合的に判定する。

番　号	科　目	判　定　要　領	判　定　基　準
5－1	評価	評価の公正性、客観性について判定する。	公正、かつ、客観的な評価ができること。
5－2	教育技法	教材の準備及び利用、教育技法について判定する。	1．適切な教材を準備し、有効に利用できること。 2．適切な教育技法により指導できること。
5－3	表現力	学科教育及び実技指導における要点の指示、注意の喚起等の方法について判定する。	1．言語は明瞭であること。 2．平易で適切な説明及び指導ができること。
5－4	教育態度	教育中の服装、動作、態度について判定する。	操縦教員として適切な服装、動作、教育態度であること。

- 237 -

Ⅲ．操縦教育証明実地試験（操縦に２人を要する飛行機）
Ⅲ－１．口述試験
口述試験において行うべき科目の実施要領及び判定基準は、次表のとおりとする。

1．一般知識			
（目　的） 法規、工学、気象等の学科教育に必要な知識について判定する。			
（注）飛行機に係る事業用操縦士以上の技能証明を有する者は実施しない。			
番　号	科　目	実　施　要　領	判　定　基　準
1－1	一般知識	次の科目について質問し、答えさせる。 1．航空法規 2．航空交通管制 3．航空工学（航空機の性能、運用限界等を含む。） 4．航空気象 5．空中航法	各科目について事業用操縦士と同等の知識を有していること。

- 238 -

教育証明

2．教育要領
（目　的） 　　操縦教育に必要な基本的知識について判定する。

番　号	科　目	実　施　要　領	判　定　基　準
2－1	操縦教員	技能証明制度の概要及び操縦教員の法律上の位置づけと役割並びに操縦教育の目的について質問に答えさせ、又は説明させる。	質問事項に正しく答えられ、又は説明できること。
2－2			
2－3	操縦教育	操縦練習科目を練習生に教育する場合の目的、実施要領及び要点について質問に答えさせ、又は説明させる。	1．操縦練習科目を正しく理解し的確に説明できること。 2．質問事項に正しく答えられ、又は説明できること。

- 239 -

3．安全対策

番　号	科　目	実　施　要　領	判　定　基　準
3－1			
3－2			

教育証明

Ⅲ－2．実技試験

実技試験において行うべき科目の実施要領及び判定基準は、次表のとおりとする。

4．操縦練習			
（目　的） 　実技指導等を行わせ、操縦教員としての実技指導能力について判定する。			
番　号	科　目	実　施　要　領	判　定　基　準
4－1	出発前の確認	出発前に機長が確認すべき事項とその実施要領等について質問に答えさせ、又は説明させる。	質問事項に正しく答えられ、又は説明できること。
4－2			
4－3	飛行前のブリーフィング	准定期運送用操縦士技能証明取得訓練コースのうち、操縦に2人を要する飛行機を使用する課程から訓練計画を指定し、その計画に基づき、試験官を練習生と仮定して飛行前のブリーフィングを行わせる。	飛行前のブリーフィングが的確にできること。

- 241 -

番 号	科 目	実 施 要 領	判 定 基 準
4－4	実技指導及び模範実技	（実技指導） 　准定期運送用操縦士に係る実地試験の科目から指定した科目について、試験官を練習生と仮定して実技指導を行わせる。 （模範実技） 1．准定期運送用操縦士に係る実地試験の科目から指定した科目について、模範実技を行わせる。 2．飛行中、発動機が突然不作動となった場合のテイクオーバー及び回復操作を行わせる。	（実技指導） 　各科目の指導の要点を把握し、実技指導が的確にできること。 （模範実技） 1．操縦技量は、細則に定める判定基準以上であること。 2．柔軟、円滑な操作であること。 3．各科目の要点を的確に説明しながら操作できること。 4．機を失せず安全にテイクオーバー及び回復操作ができること。
4－5	飛行後のブリーフィング	試験官を練習生と仮定して飛行後のブリーフィングを行わせる。 1．行った科目の評価、不十分な点の指摘及びその矯正のための方法 2．今後の操縦練習において注意すべき事項	飛行後のブリーフィングが的確にできること。

教育証明

5．総合能力

（目　的）
　　実地試験全般にわたって教育技法、教育態度等を確認し、操縦教員としての教育能力を総合的に判定する。

番　号	科　目	判　定　要　領	判　定　基　準
5－1	評価	評価の公正性、客観性について判定する。	公正、かつ、客観的な評価ができること。
5－2	教育技法	教材の準備及び利用、教育技法について判定する。	1．適切な教材を準備し、有効に利用できること。 2．適切な教育技法により指導できること。
5－3	表現力	実技指導における要点の指示、注意の喚起等の方法について判定する。	1．言語は明瞭であること。 2．平易で適切な説明及び指導ができること。
5－4	教育態度	教育中の服装、動作、態度について判定する。	操縦教員として適切な服装、動作、教育態度であること。

- 243 -

IV．条件解除実地試験
IV－1．口述試験
口述試験において行うべき科目の実施要領及び判定基準は、次表のとおりとする。

1．一般知識			
番　号	科　目	実　施　要　領	判　定　基　準
1－1			

教育証明

番　号	科　目	実　施　要　領	判　定　基　準

2．教育要領

（目　的）
　　操縦教育に必要な基本的知識について判定する。

番　号	科　目	実　施　要　領	判　定　基　準
2－1			
2－2	訓練計画	1．自家用操縦士技能証明取得訓練コース又は事業用操縦士技能証明取得訓練コースを指定し、受験者に訓練計画を提出させる。 2．訓練計画を点検し、次の事項について質問に答えさせ、又は説明させる。 (1)　基準及び目的の設定 (2)　学習ブロックの確認 (3)　訓練シラバス (4)　レッスン・プラン (5)　その他必要な事項	1．適切な訓練計画を作成できること。 2．質問事項に正しく答えられ、又は説明できること。
2－3	操縦教育	1．次の科目の中から3つ以上指定し、試験官を練習生と仮定して教育を行わせる。また練習生に教育する場合の要点について質問に答えさせ、又は説明させる。 (1)　航空法規 (2)　航空交通管制 (3)　航空工学（航空機の性能、運用限界等を含む。） (4)　航空気象 (5)　空中航法 2．操縦練習科目を練習生に教育する場合の目的、実施要領及び要点について質問に答えさせ、又は説明させる。	1．各科目について操縦教員として教育する場合の要点を的確に把握し、明確に説明できること。 2．操縦練習科目を正しく理解し的確に説明できること。 3．質問事項に正しく答えられ、又は説明できること。

３．安全対策

（目　的)
　　操縦教育を行う上で必要な安全に関する知識について判定する。

番　号	科　目	実　施　要　領	判　定　基　準
３－１	単独飛行の安全基準	単独飛行に係る安全基準(飛行機）について質問に答えさせ、又は説明させる。	質問事項に正しく答えられ、又は説明できること。
３－２	見張りと衝突回避	次の事項について質問に答えさせ、又は説明させる。 １．操縦練習の初期の段階から練習生に対して適切な見張りと衝突回避の習慣を形成するための教育を行うことの重要性 ２．見張りと衝突回避についての視覚、知覚	質問事項に正しく答えられ、又は説明できること。

教育証明

Ⅳ－2．実技試験

実技試験において行うべき科目の実施要領及び判定基準は、次表のとおりとする。

4．操縦練習			
（目　的） 　　訓練計画の作成、実技指導等を行わせ、操縦教員としての実技指導能力について判定する。			
番　号	科　目	実　施　要　領	判　定　基　準
4－1			
4－2	訓練計画の作成	1．練習生の飛行経歴及び技能レベルを受験者に示したうえ、実技指導を行うべき科目を指定し、訓練計画を作成させる。 （注）（4－4）の科目から指定する。 2．訓練計画を点検し、質問に答えさせる。	1．適切な訓練計画を作成できること。 2．質問事項に正しく答えられること。
4－3			

- 247 -

番　号	科　目	実　施　要　領	判　定　基　準
4－4	実技指導及び模範実技	（実技指導） 　基本的な操縦技術（水平直線飛行、旋回、上昇・降下、加減速及びトリムの使用法）及び指定した科目について、試験官を練習生と仮定して実技指導を行わせる。 （模範実技） 　科目を指定し模範実技を行わせる。 　（注）科目は、事業用操縦士及び自家用操縦士に係る実地試験の科目から指定する。模範実技の科目に次の科目を追加する。 　（1）エキセッシブバックプレッシャーストール、セカンダリーストール、エレベータートリムタブストールのうちいずれか1つ 　（2）フラップ上げ状態での着陸、横滑りからの着陸のうちいずれか1つ 　（3）S字旋回、道路に対する8字飛行、地点目標を中心とした旋回、エイトアラウンドパイロンのうちいずれか1つ 　（4）シャンデル、レージーエイトのうちいずれか1つ	（実技指導） 　各科目の指導の重点を把握し、実技指導が的確にできること。 （模範実技） 1．操縦技量は、細則及びV．追加模範実技科目に定める判定基準以上であること。 2．柔軟、円滑な操作であること。 3．　各科目の要点を的確に説明しながら操作できること。
4－5			

教育証明

5．総合能力

（目　的）
　　実地試験全般にわたって教育技法、教育態度等を確認し、操縦教員としての教育能力を
総合的に判定する。

番　号	科　目	判　定　要　領	判　定　基　準
5－1	評価	評価の公正性、客観性について判定する。	公正、かつ、客観的な評価ができること。
5－2	教育技法	教材の準備及び利用、教育技法について判定する。	1．適切な教材を準備し、有効に利用できること。 2．適切な教育技法により指導できること。
5－3	表現力	学科教育及び実技指導における要点の指示、注意の喚起等の方法について判定する。	1．言語は明瞭であること。 2．平易で適切な説明及び指導ができること。
5－4	教育態度	教育中の服装、動作、態度について判定する。	操縦教員として適切な服装、動作、教育態度であること。

Ⅴ．追加模範実技科目

模範実技に追加する科目の実施要領及び判定基準は、次表のとおりとする。

1．各種離陸及び着陸並びに着陸復行

（目　的）

　　着陸（着水）について判定する。

（注）多発機は（1－2）を行わない。

番　号	科　目	実　施　要　領	判　定　基　準
1－1	フラップ上げ状態での着陸	フラップを使用しないで進入し、着陸させる。	1．所定の経路を安定して進入できること。 2．突風成分を修正した進入速度を設定できること。 3．進入速度は±5ノット以内の変化であること。 4．滑走路中心線上の、指定された接地点から60メートルを越えない範囲に正しい姿勢で接地できること。 5．横滑り状態で接地（接水）したり、接地（接水）後著しく方向を偏位させないこと。
1－2	横滑りからの着陸	1．最終進入において、横滑りを行いながら進入させる。 2．対地高度200フィートまでに通常の降下角にもどし進入着陸させる。 （注）フラップの使用制限がある場合を除き、フラップを使用させる。	1．初期失速のバフェットを起こさないこと。 2．横滑りにより降下角の修正ができること。 3．その他（1－1）に同じ。

- 250 -

教育証明

2．外部視認目標を利用した飛行を含む空中操作及び型式の特性に応じた飛行

（目　的）
　　　　場周経路と概ね同じ高度を維持して地上目標を対象として行う各種操作及び飛行姿
　　勢、速度、出力の変化を伴う各種操作に応じた操作について判定する。

（注）　1．低空域空中操作において、旋回経路は無風状態で傾斜角30度の航跡とし、経路調整の
　　　　ための傾斜角の最大は45度とする。
　　　2．低空域空中操作は、地域の特性を考慮して科目を指定する。
　　　3．多発機は、（2－5）及び（2－6）の科目を行わない。

番　号	科　目	実　施　要　領	判　定　基　準
2－1	S字旋回	1．風向と概ね直角となる基線に対し、風下に向かってS字飛行を開始させる。 2．風下側と風上側の航跡が等しい半円となるよう適宜傾斜角を修正して飛行させる。 3．旋回の切替え時に航空機は基線上にあって針路は基線と直角となり、傾斜角は0度となるよう飛行させる。	1．所定の経路を飛行できること。 2．操作は柔軟円滑で、飛行機の操縦と地上の航跡の両方に対して注意配分がよくできること。 3．高度は±100フィート以内の変化であること。 4．極端な急旋回とならないこと。 5．最低安全高度以下で飛行しないこと。
2－2	道路に対する8字飛行	1．横風を受けながら飛行し、交差点上において風下へ向かって8字飛行を開始させる。 2．航跡が正円となるよう適宜傾斜角を修正して飛行させる。 3．旋回開始点上で風上側に切替えし、風下側と同様の正円となるよう飛行させる。	（2－1）に同じ。

- 251 -

番　号	科　目	実　施　要　領	判　定　基　準
2－3	地点目標を中心とした旋回	1．地点目標を中心として、航跡が目標から等距離の正円となるよう適宜傾斜角を修正して飛行させる。 2．風下に向かって科目を開始するものとし、左又は右の720度旋回を行わせる。	（2－1）に同じ。
2－4	エイトアラウンドパイロン	1．2カ所の地上目標を中心とし、航跡が8字となるよう適宜傾斜角と偏流を修正して飛行させる。 2．左又は右の旋回の前に、直線飛行経路を設定するものとし、この直線飛行経路に対し、風下に向かって科目を開始させる。	（2－1）に同じ。

- 252 -

番 号	科 目	実 施 要 領	判 定 基 準
2−5	シャンデル	次の要領で左右1回ずつ行わせる。 1．製造者が選定した速度又は設計運動速度で概ね水平飛行の状態から傾斜角を約30度とし、針路が90度変位する点でピッチ角が最大となるよう上昇旋回を開始する。 2．上昇旋回開始と同時に出力を増加し、最大出力とする。(定速プロペラ装備機は巡航出力のままでもよい。) 3．針路が90度変位したならばピッチ角最大を保って旋回停止操作を開始する。 4．失速直前の速度で180度旋回を終了したのち水平飛行に戻す。	1．所定の針路に±10度以内で旋回を停止できること。 2．旋回停止時の速度は失速速度＋5ノット以内であること。 3．調和された操舵であること。
2−6	レージーエイト	1．巡航出力で、製造者が選定した速度又は設計運動速度から科目を開始させる。 2．地平線上90度毎に選定した目標を通り、機首で∞字を描くように上昇旋回、降下旋回(最大傾斜角約45度)を組み合わせた180度旋回を左右連続して行わせる。	1．左右上下が概ね対称な∞字となること。 2．針路は、それぞれの90度目標に対し±10度以内であること。 3．ピッチ角、傾斜角、旋回率が一定の率で絶えず変化すること。 4．調和された操舵であること。

VI. 実技試験の一部を模擬飛行装置等を使用して行う場合の実機と模擬飛行装置等との使用区分

実技試験の一部を模擬飛行装置等を使用して行う場合の操作は、模擬飛行装置等で行った操作であっても評価の対象とする。
ただし、実機による試験で行う科目、模擬飛行装置等で実施できる科目であって、模擬飛行装置等の性能の正確性、模擬飛行装置等の性能等から必要と認めるときは、使用区分の一部を変更して行うことができる。
また試験官は、評価の正確性、模擬飛行装置等の性能等から必要と認めるときは、使用区分の一部を変更して行うことができる。

科目	飛行訓練装置（1人で操縦できる飛行機）						模擬飛行装置（※）				備考
	1	2	3	4	5	6	A	B	C	D	
4. 操縦練習（4-4 実技指導・模擬実技）											※ 模擬飛行装置は操縦に2人を要する飛行機とする。
(1) 空港等及び場周経路における運航											
始動・試運転		A/F	A/F		A/F	A/F				S	
地上滑走		A	A/F		A	A/F				B	記号の意味
場周飛行と後方乱気流の回避		A	A		A	A					A：実機で行う科目
(2) 各種離陸及び着陸並びに着陸復行及び離陸中止											
通常及び横風中の離着陸上昇		A	A		A	A				B	B：実機と模擬飛行装置の両方で行う科目
通常及び横風中の進入・着陸		A	A		A	A				B	
短距離離着陸、短距離着陸、横風からの着陸		A	A		A	A				-	
削限地着陸		A	A		A	A				-	S：模擬飛行装置で行うことのできる科目
フラップ上げ状態での着陸		A	A/F		A	A/F				S	
着陸復行		A	A/F		A	A/F				S	A/F：実機又は飛行訓練装置のいずれかで行う科目
離陸中止		A	A/F		A	A/F				S	
(3) 基本的な計器による飛行											A/S：実機又は模擬飛行装置のいずれかで行う科目
基本操作		A	A/F		A	A/F				S	
レーダー誘導による飛行、異常姿勢からの回復		A	A/F		A	A/F				S	
(4) 計器飛行方式による飛行											
離陸時の計器飛行への移行、標準的な計器出発方式及び計器到着方式、待機方式、進入復行方式		-	-		-	-				S	
計器進入方式、計器進入からの着陸		A	A		A	A				A/S	
(5) 空中操作及び型式の特性に応じた飛行											
低速飛行		A	A		A	A				-	
失速及び回復操作、急旋回		A	A		A	A				S	
シャンデル、レージーエイト、螺旋降下		A	A		A	A				A/S	
型式特性に応じた操作		A	A		A	A				A/S	
(6) 野外飛行											
全科目		B	B		B	B				B	
(7) 飛行全般にわたる通常時の操作											
全科目		A	A		A	A				S	
(8) 異常時及び緊急時の操作											
発動機の故障		A/F	A/F		A/F	A/F				A/S	
諸系統又は装置の故障		A	A		A	A				S	
離陸中の1発動機故障		A	A/F		A	A/F				A/S	
1発動機不作動時の進入・着陸		A	A		A	A/F				-	
VMCによる飛行		A	A		A	A/F					
(10) 航空交通管制機関等との連絡											
全科目		B	B		B	B				B	
(11) 航空機乗員間の連携											
全科目		-	-		-	-				B	
5. 総合能力											
全科目		B	B		B	B				B	

-254-

教育証明

Ⅶ．実地試験成績報告書
実地試験成績報告書の様式は次のとおりとする。

実地試験成績報告書
（操縦教育証明）

条件有り	総合判定

① 受 験 者 調 書			
ふりがな ＿＿＿＿＿＿＿＿＿＿＿＿＿＿＿＿＿＿＿＿＿＿＿＿＿＿＿＿＿＿ 氏　　　名		□昭和　□平成　□西暦 生年月日　　　　年　　　　月　　　　日	

受験する航空機の種類	□飛行機　□回転翼航空機　□滑空機　□飛行船	既得の技能証明及び番号 ＿＿＿＿＿＿＿＿＿＿＿＿

試　験　に　使　用　す　る　航　空　機			
等　　　級	型　　　式	国籍・登録記号	番号 ＿＿＿＿＿＿
□陸上　□単発(機)　□ピストン機 □水上　□多発(機)　□タービン機	式　　　型		

連　絡　先 （会社団体等）	電話番号
学科試験合格	年　　　　月　　　　日　　　　受験地

② 教 官 の 証 明
受験者　　　　　　　は操縦教育証明に係る模擬飛行装置又は飛行訓練装置による所定の技能を有していることを証明します。 　　　教官の有する技能証明の資格と番号 ＿＿＿＿＿＿＿＿＿　操縦士　　No. ＿＿＿＿＿＿ 　　　　　　　　　　　　　　　　　　　　　　　　　　　　　操縦教育証明　No. ＿＿＿＿＿＿ 　　　　　　　年　　　月　　　日　　　　　　教官署名＿＿＿＿＿＿＿＿＿
受験者　　　　　　　は操縦教育証明に係る所定の技能を有していることを証明します。 　　　教官の有する技能証明の資格と番号 ＿＿＿＿＿＿＿＿＿　操縦士　　No. ＿＿＿＿＿＿ 　　　　　　　　　　　　　　　　　　　　　　　　　　　　　操縦教育証明　No. ＿＿＿＿＿＿ 　　　　　　　年　　　月　　　日　　　　　　教官署名＿＿＿＿＿＿＿＿＿

③ 試 験 の 実 施	
模擬飛行装置又は飛行訓練装置	実機
期日　　　年　　月　　日　場所	期日　　　年　　月　　日　場所
試験官	試験官
特記事項	特記事項

１．受験者は、①受験者調書欄に所要事項を記入又は✓印を付すこと。

２．教官は、②教官の証明欄に所要事項を記入のうえ、試験官に提出すること。

３．試験官は、「条件付操縦教育証明」の試験を実施した場合は所定の欄に✓印を付すこと。

成　績　表

試　験　科　目	判　　　定			
	飛　行　機	回転翼航空機	滑　空　機	飛　行　船
口述試験				
1．一般知識				
1－1　一般知識				
2．教育要領				
2－1　操縦教員				
2－2　訓練計画				
2－3　操縦教育				
3．安全対策				
3－1　単独飛行の安全基準				
3－2　見張りと衝突回避				
実技試験				
4．操縦練習				
4－1　出発前の確認				
4－2　訓練計画の作成				
4－3　飛行前のブリーフィング				
4－4　実技指導及び模範実技				
4－5　飛行後のブリーフィング				
5．総合能力				
5－1　評価				
5－2　教育技法				
5－3　表現力				
5－4　教育態度				

（注）上級滑空機を使用する場合は2回飛行するものとし、うち少なくとも1回は航空機曳航によるものとする。

教育証明

附　則

（施行期日）

1．この操縦士実地試験実施細則は、平成26年4月1日から施行する。

2．この操縦士実地試験実施細則の施行の日から6ヶ月を経過する日までは、従前どおりとすることができる。

```
┌─────┐
│禁無断│
│転　載│
└─────┘
```

操縦士実地試験実施基準

飛行機

操縦士実地試験実施細則

平成28年8月8日　改訂新版発行　　　　　　　　　　　　印刷　㈱ディグ

監修　国土交通省航空局安全部運航安全課

発行　鳳文書林出版販売株式会社

〒105-0004　東京都港区新橋3－7－3
TEL 03-3591-0909　FAX 03-3591-0709　E-mail info@hobun.co.jp

ISBN978-4-89279-671-5　C3032 Y3800E　　　　　定価　本体3,800円＋税